짓는 의자

지은 이 _ 오신욱 외 24인
펴낸 날 _ 2015년 3월 5일 1판 1쇄
　　　　　2015년 12월 2일 1판 2쇄

펴낸 이 · 편집디자인 _ 김철진
펴낸 곳 _ **비온후** 등록 2000년 4월 28일 (제2011-000004호)
함께한 이 _ 한국건축가협회 부산건축가회 젊은건축가 위원회
사진 _ 이인미(전시작품 촬영)

ISBN 978-89-90969-90-3 03630
책값 15,000원

지은이와의 협의에 의해 인지는 생략합니다.
본 책자의 내용이나 자료를 무단 복제하실 수 없습니다.

짓는 의자

오신욱
안재철
송종목
김만석
이홍주
노철민
방정아
김대홍

공부성
방진석
이기철
신두수
조정훈
허정운
김인용
유창욱
조재득
최영애
최지혜
김성률
김성수
이호수
하경옥
한영숙
안재국

책만드는 작업실 비온후

차례

들어가기

10 **[짓는 의자] 책으로 짓다** _ 편집자
12 **젊은 건축가의 친구** _ 김태철

의자 글로 짓다

16 건축디자인 • **건축가들의 의자** _ 오신욱
38 건축재료 • **의자, 재료의 온도** _ 안재철
44 건축구조 • **의자와 구조** _ 송종목 + 안재철
52 문화이론 • **의자 : 가구, 건축, 신성의 장소** _ 김만석
64 공공디자인 • **의자의 조건** _ 이홍주
72 가구디자인 • **할아버지와 흔들의자** _ 노철민
76 미술(회화) • **의자와 예술가** _ 방정아
80 미술(설치) • **앉을 수 있는 것들에 관한 이야기** _ 김대홍

의자 짓는 네 가지 갈래

make

- 90   공부성
- 94   방진석
- 98   송종목 + 안재철
- 102   오신욱
- 106   이기철 + 신두수
- 110   조정훈
- 114   하정운

function

- 120   김인용
- 124   노철민
- 128   유창욱
- 132   조재득
- 136   최영애
- 140   최지혜

fun

- 146   김성률
- 150   김성수
- 154   안재철
- 158   이호수
- 162   하경옥
- 166   한영숙

art

- 172   김대홍
- 176   방정아
- 180   안재국

[짓는 의자] 책으로 짓다

들어가기 — 편집자 쓰다

거장 건축가에서부터 현대의 선두주자 건축가들 그리고 우리나라의 주목받는 건축가들은 대부분 가구를 디자인하고 만들고 전시한 사실이 있다. 특히 건축가들이 유난히 가구중에서도 의자를 만들고 전시를 하는 경우가 많았다. 유명한 건축가들의 의자는 책이나 전시 매체를 통해 쉽게 접할 수 있는 것이 현실이다. 예술가들은 어떠한가. 가구를 만드는 디자이너는 당연할 것이고, 설치예술가나 미술가들도 자신의 의자를 내버려두지 않는다. 직접 만들어 사용하거나, 기성 공장제품이라도 자신의 미술적 기질을 가미해서 새로운 자신만의 작품으로 만들어서 소중하게 사용하는 경우가 많다. 그다지 유명하거나 뛰어난 건축가가 아닌 필자도 나만의 책상과 의자를 가지고 싶었던 마음은 간절했다. 현실적으로 책상은 작은 노력으로도 디자인하고 가질 수 있는 대상이었지만 의자는 쉽게 손수 만들어서 사용할 수 없는 묘한 대상이었다. 디자인을 고려하면 편안함이 부족하고, 손수 제작하면 사용하기에는 너무 거친 제품으로 전락하였다. 결국 손수 디자인하고 만든 책상에 기성제품의 편리한 의자를 사용하는 꼴이 되었다.

일상생활에서 늘 함께하는 의자를 건축가의 입장에서 세밀하게 살펴보고 고민할 기회는 부족했다. 조금만 생각해보면 의자가 건축과 통하는 부분이 매우 많으며, 건축에서 고려해야 할 문제들이 의자 만들기에서도 동일하게 적용되어야 한다는 사실을 깨달을 수 있다. 건축가들이 의자에 대해 고민하고, 디자인하여 결과물을 직접 만들어 본다면 좋은 경험이 될 것이다. 그리고 만들면서 '손수 제작의 즐거움' 을 경험한다면 그의 매력에 푹 빠질 것이다. 그래서 젊은 건축가들이 모여서 공통된 대상, 의자를 만들어 보기로 하였다. 의자를 만들면서 자신의 건축철학이나 의자에 대한 아이디어를 담아보자는 것이었다. 그리고 의자들을 한 곳에 모아 전시를 하였다. 그리고 건축가가 아닌 예술가들은 의자에 대한 생각을 어떻게 하고 있으며, 만든다면 어떤 방식으로 만들까에 대해 궁금하였다. 궁금증을 풀고, 의자에 대한 생각 폭을 넓히기 위해 초대작가들을 모셨다.

건축가들이 의자를 디자인하고 만들어서 전시를 하는 경험에서 많은 어려움이 있었다. 한국에서는 건축과 의자의 관계를 살펴볼 수 있는 자료나 서적들이 그리 많지 않다는 사실을 즉각적으로 알게 되었다. 건축적 방식으로 고안된 의자나 그러한 자료도 부족하였고, 유명 건축가들이 만든 다양한 의자가 어떤 것이 있는지 또 그러한 의자가 어떤 의미가 있는지를 살펴볼 수 있는 자료도 극도로 부족했다. 심지어는 의자는 기본적으로 어떤 역사를 가지고 있으며, 어떤 목적과 어떤 방식으로 만들어져야 하는지에 대한 정보도 부족하기는 마찬가지였다. 일상에서 건축가가 만든 의자는 빈번하게 접할 수 있지만, 그에 대해 정리되고, 평가되어진 자료를 만나기란 더 어려울 수밖에 없었는지 모른다.

이 책에서는 젊은 건축가들이 만든 의자와 의자를 만들기에 개입한 생각, 그리고 건축가 개개인이 생각하는 의자에 대한 의미를 소개한다. 그리고 의자에 대한 보편적 내용보다는 건축가들의 의자에 대한 생각, 건축가들이 만든 의자들이 가지는 특징을 소개한다. 그리고 다양한 분야의 예술가들이 생각하는 의자에 대한 이야기들을 소개함으로써 '의자학'의 한 입구를 구성해보려 했다. 특히 건축가, 미술가, 가구디자이너, 비평가, 재료연구자, 구조전문가의 입장에서 바라본 의자에 대한 고민과 생각은 다양한 차원에서 창조적 긴장을 활성화할 수 있을 것으로 기대된다. 각 분야에서 공통된 하나의 대상을 설명하고, 서술한다면 이것이 융합이고, 통섭일 것이다.

젊은 건축가의 친구

의자가 중심이 되는 전시이기에 의자를 살펴보고 역할을 시각적으로 떠올리기 위하여 영화 '플래쉬댄스'에 나오는 장면을 통하여 그림을 그려보는 것으로 시작을 해본다. 이 영화는 애드리안라인 감독의 춤에 대한 영화로 대표적인 명장면 두 가지가 나온다. 우선 주인공 제니퍼빌즈가 명문 예술대학교에 들어가기 위한 실기시험 장면으로 뮤직비디오를 연상하게 하는 대표적인 영화의 장면이다. 하지만 여기서 주목하고자하는 다른 장면은 주인공이 어느 클럽에서 무대공연을 하는 장면으로 무대의 한가운데에 있는 의자를 이용하며 춤을 추다가 끝에는 천장의 물을 쏟아 떨어뜨리며 의자에 기댄 몸으로 받아서 마무리하는 장면이다. 이 장면에서 물이 몸에 부딪치면서 공중에 산란되고 무용수인 주인공이 있는 공간의 섹시한 느낌을 규정한다. 그런데 이 공간을 규정하기 위해 기반이 되는 것은 무대에 있던 의자였다. 몇 년 전 '미쳤어' 무대에서 손담비가 의자를 이용하는 것도 저 고전적 영화와 같은 맥락이다. 댄스가수가 무대를 연출하는 모습은 춤을 동반하기에 항상 동적이다. 하지만 연출상황에 따라 손담비처럼 의자가 배치되는 순간 무대는 연극과도 같은 상황으로 전환되어 의자가 있는 지점이 고정되며 행위와 이야기들이 의자를 중심으로 나온다. 이렇듯 의자는 가구 중에서 가장 기능적이면서도 사람과 신체접촉이 많은 촉각적인 소재로서 공간에 기여하는 방식은 공간을 점유하고 조형성을 통한 장식적인 요소로서 수동적 역할을 하는 다른 가구와는 다르게 조형성 이외에 앉을 수 있는 기능이라는 것이 공간을 포함한 요소가 되기에 의자는 건축물에 비해 적은 요소가 집약된 원초적인 건축적 작품의 소재가 될 수 있는 것이다. 따라서 우리가 익히 아는 유명한 건축가들은 자신의 건축적 생각을 집약하여 보여줄 수 있는 대상물로서 의자에 관심을 갖고 접근한다.

건축가가 하고자하는 가장 원초적인 행위는 공간을 만드는 데에 있다. 우리는 공간을 만들기 위하여 바닥을 깔고 벽을 만들며 지붕을 덮는다. 설계사무소 초년의 시절에 회사에서 배정받은 프로젝트에서 일부지만 내가 설계하고 그 결과에 대해 결정한 건축물이 완성되어 그 건축물을 직접 대했던 느낌이 지금도 기억난다. 정면으로 보지도 못하고 먼발치에서 힐끔 바라봤던 기억. 그것은 설계당시에 생각했던 나의 의도가 정확했는지 하는 생각으로 호기 있게 과감한 결정을 했지만 솔직히 부담스러운 심정이 있었기 때문이다. 하지만 한편으로 보면 본능에 의한 것이라는 생각을 해본다. 우리 건축가는 설계당시 직접 만지는 것은 내 손안에 들어오는 도면과 모형이다. 내 손안에 들어오는 것은 직접적인 신체를 통하여 내 것이라는 느낌으로 이 작품과 나는 연결된다. 그러다가 대지에 지어지는 것은 내 신체의 크기보다 훨씬 커져서 땅에 우뚝서있는 건축물을 보게 될 때 '과연 저게 내가 만들어낸 것인가?'라는 생각으로 나 갑자기 거리가 생기면서 작품과 나 자신이 분리되는 낯선 감정을 느끼게 되는 것이다. 하지만 언젠가 다시 작품을 대면하게 되면 그럴수록 작품의 크기에 익숙해지면서 거리는 없어지면서 나와 연결이 된다. 또 경력에 따라서 새로운 작품이 생기고 그래서 자신과 건축 작품과의 직접적 신체적 접촉이 늘어나 감정적 경험의 횟수가 쌓이면서 설계당시에 기대해왔던 상상과 실재하는 크기의 간극이 줄어들면서 대면하는 감정이 익숙해지게 된다.

젊은 건축가들은 경험이 부족하지만 참신한 생각을 기교보다는 직설적인 결과물을 통하여 자신의 시도를 보여준다. 여기서 젊은 건축가들에게 필요한 것은 자신의 건축적 생각을 구현하기 위하여 실험하는 하나의 대상물이 필요하고 그것이 자기 자신과 작품이 서로 연결되어 일체가 된다면 낯설고 거리감이 없어지기에 조금은 수월해 질 것이다. 이에 생각을 구현할 대상으로 좋은 소재는 가구이며 그 크기에서 비교적 건축물보다는 자신과의 연결이 쉽게 가능할 것이며 더 나아가 가구 중에 의자는 그 자체가 공간을 가지고 있기에 영화에서처럼 사람이 공간에서 하는 행위의 출발점이 될 수도 있다는 점에서 매력이 있다. 이런 면에서 의자는 젊은이들에게 친구와도 같은 아니 그이상의 동반자가 될 것이다.

젊은 시절의 지난날의 추억의 관점으로 그들 젊은 건축가들을 바라본다. 젊다기보다는 어리다고 생각하는 나 자신도 내 작품을 볼 때 아직 거리가 느껴진다. 그것은 나는 겪어온 나이와 경험보다는 아직 어리다고 생각하는데 그 이유는 거리감이 그 크기가 익숙해질 기회가 많지는 않았기에 그런듯하다. 젊다기보다는 어린 나는 저 젊은 건축가들이 부럽다. 그들이 한 작품은 그들 자신이다.

의자 글로 짓다

건축디자인 **건축가들의 의자** / 오신욱(건축가)

건축재료 **의자, 재료의 온도** / 안재철(건축재료 연구가)

건축구조 **의자와 구조** / 송종목(건축구조 전문가) + 안재철

문화이론 **의자 : 가구, 건축, 신성의 장소** / 김만석(문화비평가)

공공디자인 **의자의 조건** / 이홍주(이벤트메니저)

가구디자인 **할아버지와 흔들의자** / 노철민(가구디자이너)

미술(회화) **의자와 예술가** / 방정아(작가)

미술(설치) **앉을 수 있는 것들에 관한 이야기** / 김대홍(작가)

건축가들의 의자

● 건축디자인

오신욱 소장

지난 수 백 년에 걸쳐 건축가들은 건축뿐만 아니라 가구의 영역에서도 뛰어난 활동을 해왔다. 이런 경향은 가구 중에서도 의자에서 더욱 두드러지게 나타난다. 건축과 가구는 하나의 공통된 기반을 공유한다. 그것은 최소한의 기능적인 수준을 충족해야 하는 것이다. 반면에 가구는 건축에 비해 환경과 사회에 미치는 영향이 좀 더 작고, 시공수준에 관한 제한사항이 적다. 이것이 가구와 건축물의 차이점이다. 그래서 가구는 건축에 비해 디자인적인 자율성이 더 있다. 그러다보니 건축가에게 의자는 새로운 건축적 아이디어들과 기법을 실험하기 위한 기반이 되기도 했다.

건축가들의 의자는 대부분 그들의 건축물 내에 사용하는 것으로 디자인되고 만들어졌다. 프랭크 로이드 라이트Frank Lioyd Wright는 자신이 설계한 주택이나 작업실 등의 건축공간에 자리 잡고 사용될 가구를 디자인하였다. 그리고 그 가구들을 주택의 분위기와 재료에 적합하게 만들었다. 이는 건축가가 건축물의 공간에 있는 모든 것을 디자인하고, 디자인한 것을 제공하려는 건축에 대한 장인 정신이 바탕이 된 것이다. 로버트 벤츄리Robert Charles Venturi Jr.의 경우에는 의자를 디자인하고 제작하여 전시회에 출품하였다. 이는 건축가가 의자에 대한 생각과 이념을 일회적으로 표현한 경우이다. 무엇을 위해, 어떤 기능을 위해, 어떤 방식으로 만들 것인가? 스스로의 질문하고 답을 제시한다. 그 결과 미래에 대한 예측, 재료의 특성, 테크놀리지의 반영, 대량생산을 위한 고민

등이 디자인에 반영되어 있다.

알바 알토 Alvar Aalto의 파이미오 paimio는 특정인들을 위한 의자로 디자인되고 만들어진 경우이다. 요양원 환자들의 안락함과 편리함을 기본으로 하고 있다. 그래서 지역에서 구하기 쉬운 자작나무를 재료로 하여 의자를 만들었다. 건축가는 제작을 위해 여태 없던 방식의 목재 가공법을 고안했다. 그리고 지속적인 실험을 통해 새로운 기술을 만들었다.

의자의 역사

인간이 땅에서 떨어진 채로 휴식할 수 있는 방법을 고안하면서 만들어진 것이 의자이다. 특히 등받이가 없는 간단한 의자인 스툴 stool은 의자의 전신이다. 고대 이집트인들은 스툴을 다양한 형태로 발전시켰다. 장인들은 아름답고 장식적인 스툴을 만들면서 예술적 접근을 하였다. 그리고 기능에 관심을 가지면서 접히는 스툴을 고안하게 되었다. 이처럼 예술과 기능이 혼합된 의자가 보존되어 있다. 이 의자는 바닥에 레일이 달려 있으면서 깃털과 눈 모양의 상아가 박혀있다. 게다가 거위 머리를 조각한 교차 축도 달려있다. 이집트의 제3왕조(기원전 2650~2575년)때는 스툴에 장식을 많이 했다. 그리고 똑바로 앉아 있을 수 있도록 등을 받쳐주는 등받이를 달았다. 이 등받이는 단순하게 허리를 받치는 기능에서 점점 더 높아지게 되었다.

등받이가 있는 의자는 고대 이집트의 왕좌에서 사용되기 시작했다. 고대 이집트에서 의자란 편안하게 앉는 가구라기보다는 왕후나 귀족의 권위를 나타내는 것이었기에 서민은 의자를 사용하지 못했다. 중기 왕국(기원전 2040~1640년)때는 의자에 편안함을 위한 쿠션을 깔고, 등받이는 더욱 높게 하였다. 이 의자들은 곡선형의 얇은 목재 널판지로 만들어지고 가는 다리로 지탱되었다. 동물의 가죽처럼 보이도록 그림이 그려지기도 했다. 신왕조(기원전 1540~1070년) 시대에는 팔걸이가 새롭게 의자에 추가되었다.

이렇게 팔걸이가 있는 왕좌 중에서 대표적인 것은 제18왕조의 투탕카멘의 의자이다. 이 의자는 동물의 다리 모양이고, 시트는 높으며, 전면에 도금되어 있고, 장식부에는 은·보석·상아 등이 호화롭게 달린 형태이다. 반면 귀족들이 사용한 의자는 장식이 간소하고 시트도 낮고, 의장도 계급에 따라 다르게 되어 있다.

그리스시대의 의자는 권위보다 편리함을 위한 기능을 중시하였다. 그 결과 표면의 장식이 줄어들고 인체공학적인 면에 부합하는 기능적인 형태로 만들어졌다. 클리스모스klismos라는 소형의자는 다리가 둥근 곡선이고 등받이는 '凹'모양으로 되어있다. 여성이 앉기에 편리한 기능을 중시한 의자이다. 등받이가 없는 남자용 의자는 오클라디아스okladias이다. 손님을 위한 장식용 의자는 드로노스thronos이다.

로마는 그리스시대의 의자를 모방한 것에서 시작되었다. 점점 쾌적한 느낌을 갖는 것과 동시에 권위를 상징하는 호화로운 장식이 더해지게 되었다. 솔리움solium이란 대리석으로 만들어진 왕좌, 브론즈로 만들어지고 접히는 셀라 쿠룰리스sella curulis는 집정관과 원로원 의원들이 사용하였다. 부인들은 카테드라cathedra라는 의자를 주로 사용했다. 솔리움, 셀라 쿠룰리스, 카테드라는 그 시대를 대표하는 의자이며, 재료는 목재, 브론즈, 대리석을 사용하였다.

중세에 이르러 로마의 전통의자는 비잔틴 제국으로 전해졌다. 6세기경의 '막시미누스의 옥좌'는 상아조각판으로 만들어진 대표적인 의자이다. 특히 13세기경부터 서유럽의 지배계급층에 의자가 보급되었다. 이때의 의자는 지배자의 권위를 나타내었고, 형태는 건축양식을 축소한 것이 많았다. 웨스트민스터 대성당의 에드워드 1세의 대관식 의자는 등받이가 고딕 성당의 첨탑 모양이며, 팔걸이는 트레이서리tracery의 조각이 있는 중세 왕좌의 전형이다.

15세기에 이르러 의자테두리에 판재를 붙이게 된다. 앉는 부문에는 앉기 편한 받침판을 만들었다. 등받이가 높고 판재를 댄 팔걸이의자는 배고의자(背高椅子:high-back chair)라 하여 권위를 상징하였다. 일상생활에는 높은 등받이와 팔걸이가 붙은 세틀settle이라는 긴 의자와 판재로 간단히 만든 스툴stool이 널리 쓰였다.

르네상스의 의자는 로마의 형태를 다시 받아들이면서 그 종류가 다양해졌다. 등받이나 시트에 화려한 천을 씌우는 변화가 생기면서 호화롭게 변했다. 접었다 폈다하는 팔걸이 의자인 단테스카 dantesca와 사보나롤라 savonarola라는 의자가 있었고, 호화로운 장식으로 귀족들의 대표적 의자인 카사팡카 cassapanca도 있다. 일상생활에 널리 사용된 의자인 스가벨로 sgabello는 판재에 조각 장식을 한 작은 의자이다.

17세기 프랑스에서는 루이 14세 양식의 호화로운 장식 의자가 유행하였다. 궁정에서는 격식이 중시되었고, 의자는 사회적 지위를 상징하는 것으로 계급에 따라 형태와 장식이 차별되어 나타났다. 의자의 다리는 각형으로 직선이며, 4개의 다리는 X형, H형의 오리목으로 접합되었다. 등받이와 시트는 큰 화초무늬의 고블랭직으로 씌워져 있다. 이는 앉기에 편한 점보다도 권위를 과시하는 데 중점을 둔 증거이다. 영국에서는 자코비앙 양식의 중후한 판재로 된 의자와 윌리엄 앤드메리의 선반으로 된 의자가 유행하였다. 18세기의 프랑스 궁정생활은 엄격한 격식에서 해방되어 자유롭고 향락적인 생활을 즐기게 되었다. 그에 따라 의자도 루이 14세 때 스타일의 엄숙하고 딱딱한 형태로부터 곡선 구성의 우아한 형태로 변모하였다. 루이 15세 때 의자는 카브리올 cabriole이라는 아름다운 곡선으로 된 다리와 카르투슈 cartouche 모양으로 휘어진 팔걸이를 가지고 있다. 그리고 부채 모양의 시트와 모서리가 없어지고 전체가 관능적인 여성의 육체를 표현한 등받이를 가지고 있다. 시트를 덮는 천인 고블랭직의 무늬는 작아졌다. 그리고 시트에는 스프링이 들어가서 의자에 앉는 기분은 더욱 좋아졌다. 이때의 의자는 종류와 디자인에서 가장 다채로운 때였고, 기능적으로 우수한 동시에 예술품으로까지 평가 가 될 수 있다.

18세기 중엽 신고전주의 운동이 일어나면서 의자의 다리는 다시 끝이 가늘고 골이 처진 직선으로 바뀌었다. 등받이도 곡선에서 직선구성으로 변했다. 클래식의 모티브가 가미되어 의자의 디테일도 전체적으로 엄격한 비례를 보여 준다. 영국에서는 프랑스와는 별개로 퀸 앤 양식의 의자가 나타났는데, 이것은 독자적인 영국식 곡선 구성의 의자였다. 퀸 앤 양식은 18세기 영국 가구의 황금시대를 열게 하였다. 그리고 이 형식은 가구 디자이너 T. 치펀데일에 의해 개량되어 일반시민을 위한 의자에 널리 쓰였다. T. 치펀데일은 의자의 재료로 마호가니를 사용하고 등받이에 리본 디자인을 했다. 실용적이고도 아름다운 의자로 평가 받았고, 후일 미국으로 수출되어 윈저 체어Windsor chair로서 널리 유행하게 된다.

프랑스혁명으로 궁정양식의 의자는 더 이상 만들지 않게 되었다. 나폴레옹 제정기에는 로마 앙피르Empire 양식의 의자가 만들어졌다. 재료는 마호가니이며, 금을 도금한 브론즈 표장을 붙인 비교적 단순한 형태이다. 앙피르 양식은 19세기 중엽까지 유럽과 미국에서 유행하였다. 19세기 후반의 영국에서는 빅토리아 양식 의자가 유행하였다. 이때의 의자들은 디자인의 통일성은 없으나 공통적으로 안락한 면이 강조되었다. 또한 공예품들은 산업혁명의 영향으로 양산量産화되어 의장이 정교하지 못하고, 품질이 조잡하였다.

제1차 세계대전 후 바우하우스를 중심으로 디자인 운동이 일어났다. 이 운동은 과거의 수공예적인 과잉된 장식을 배제하고 기능에 중점을 둔 모더니즘 양식의 의자를 만들게 하였다. M.브로이어는 1925년에 강관鋼管을 사용해서 켄틸레버 체어cantilivered chair를 제작하고, 32년에는 알바 알토가 성형합판 의자를 고안하였다. 다시 1940년대에 C.임스와 E.사리넨은 와이어셀 구조의 의자나 플라스틱제 곡면구성의 의자를 만들었다. 이들은 모던 디자인의 방향이 결정되는데 큰 영향을 미쳤고, 공업재료의 개발과 생산기술의 발달 또한 의자 디자인과 구조에 혁명적인 영향을 주게 되었다.

건축가의 유명의자

조금만 관심을 가지면 건축가들이 디자인한 의자를 손쉽게 찾을 수 있다. 미스 반데 로에, 프랭크 로이드 라이트, 르 꼬르뷔제 등의 거장들뿐만 아니라 알바 알토, 로버트 벤츄리, 오스카 니마이어, 스미슨 부부, 아르네 야콥센 등의 건축가들도 의자를 디자인하여 만들었고, 현대 건축가들의 대명사 격인 프랭크 게리, 에로사리넨, 노만 포스터, 다니엘 리베스킨트 등도 의자나 가구를 디자인 하곤 하였다. 건축가들이 디자인하고 만든 의자들은 지금까지도 지속적으로 각광받고 있다. 건축가의 건축적 사고가 묻어 있는 대표적인 의자들을 살펴보자.

LC2 Grand Confort, 1928(Le Corbusier)

르 꼬르뷔제의 대표적 의자 그랑 콩포르는 건축가의 이념이 아주 강하고 엄격하게 적용되어 구체화된 사례이다. 의자는 한 치의 흐트러짐 없이 한 자리를 차지하고 있을 것 같은 정방형 모습을 하고 있다. '그랑 콩포르(위대한 편안함)'가 주는 언어적 이미지와는 별개로, 이 의자는 엄숙해 보이고 절제되어 보인다. 그 이유는 사각형에 의자의 모든 요소가 들어가 정확하게 맞은 퍼즐처럼 완고해 보이기 때문이다.

LC2 그랑 콩포르는 크롬 도금된 강철 튜브관에 검정색 가죽이 씌어진 5개의 직육면체가 꽉 끼어 들어가서 완성되어 있다. 밑받침 2개, 등받이 1개, 그리고 옆면을 이루는 팔걸이 2개 모두가 앞에서 보든, 옆에서 보든, 위에서 보든 정사각형을 이루고 있다. 이 의자가 가진 이미지에서 가장 모순적인 것은 틀 안에 끼워져 있는 방식에 비해 검정색 가죽으로 된 쿠션에 의해 푹신해 보인다는 점이다. 즉, 르 꼬르뷔세는 이 의자로 편안함

이 아닌 건축과 디자인에서 추구하는 질서에 대한 건축가의 사유를 표현한 것이다.

Wassily Chair, 1925(Marcel Breuer)

바실리 체어는 바우하우스를 대표하는 디자이너 가운데 한 명인 마르셀 브로이어가 디자인했다. 바우하우스는 현대 디자인 역사에서 중요한 교육 이념을 낳은 학교이다. 바우하우스 하면 떠오르는 산물 중 바실리 의자는 중요한 위치를 차지하고 있다. 20세기 의자 중에서도 바실리는 가장 중요한 획을 그은 베스트 10에 포함된다. 그리고 모더니즘 의자의 상징과도 같은 존재로서 아이콘이 되어있다. 이 의자를 디자인한 마르셀 브로이어는 기존 의자의 상식을 깨는 혁신적인 의자를 지속적으로 내놓은 개척자다. 바실리 체어는 재료와 구조에서 기존의 의자들과 확연히 구분된다. 먼저 기존 의자의 가장 흔한 재료인 나무를 쓰지 않았다. 강철관을 사용했는데, 이것은 브로이어가 자전거에서 영감을 얻은 것이라고 한다. 쇠 파이프로 연결된 자전거는 간결하고 안정되며 튼튼한 구조를 가지고 있다. 그는 의자도 이와 같은 방법으로 만들 수 있을 것이라 보았다. 바실리 체어에서 시트와 등받이, 팔걸이에 사용된 검정 가죽을 빼버리면 마치 건설 중인 현대의 철골 건물처럼 뼈대만 남는다. 이런 강철관들 사이에 가죽(이 의자를 처음 디자인했을 때는 저렴한 가격을 위해 가죽이 아닌 천이었다)을 팽팽하게 연결해 엉덩이와 등 받침대, 팔걸이를 만든 것이다. 당시로서는 뛰어난 발상이었고, 사용된 스틸 튜브관은 규격화된 재료로 생산과 조립이 편리하고 쉬웠다. 그 결과 적당한 가격으로, 청소와 관리가 편하며 쉽게 이동할 수 있고, 튼튼한 구조임에도 단순한 미적 아름다움까지 갖추어, 바우하우스가 추구한 디자인 이념을 대변하는 대표적 제품이었다. 이 의

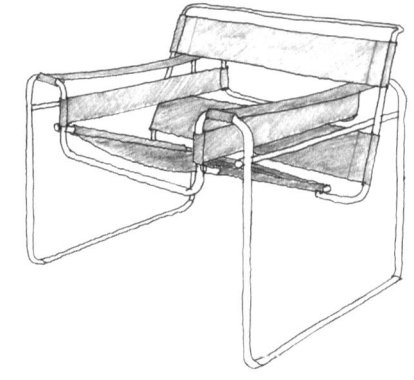

자는 실제 바우하우스의 교수이자 유명한 화가인 바실리 칸딘스키의 집에 들어갈 목적으로 만들어져 '바실리'라는 공식적 이름을 갖게 되었다.

Armchair 41 Paimio, 1931(Alvar Aalto)

20세기 초반의 모더니즘은 주로 독일 바우하우스와 르 꼬르뷔제를 중심으로 발전했다. 그들이 디자인한 의자들은 현대적 재료인 금속을 연구 적용하여 큰 성과를 드러내었다. 이에 반해 북유럽의 모더니즘을 개척한 알바 알토는 핀란드 지역의 풍토적 자연환경으로부터 많은 영향을 받았다. 그 결과 금속이 아닌 나무를 사용하여 현대적이면서 모던한 구조로 디자인하였다. 그 형태는 다양한 방식으로 만들어져 후대에 영향을 미쳤다. 특히 가장 잘 알려진 것이 바로 파이미오 의자다. 의자의 기본 구조는 마르셀

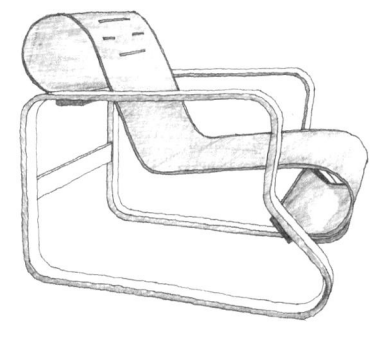

브로이어의 바실리 의자와 비슷하다. 그런데 모든 재료가 '구부린 합판'으로 되어 있는 것이 차이점이자 특징이다. 알바 알토가 합판을 선택한 이유는 여러 가지다. 우선 이 의자는 결핵 요양소의 의뢰로 디자인 되었는데, 환자들에게 도금된 금속(튜브 스틸관)보다는 나무가 심리적으로 안정감을 주고 건강에도 좋다고 판단했다. 또 열전도율이 낮고, 빛을 반사시키지 않아 눈이 부시지 않으며, 소리를 흡수하여 요양소에 가장 적합한 의자가 된다고 믿었다.

파이미오 의자의 재료인 자작나무는 핀란드에서 쉽게 구할 수 있다. 그는 나무를 구부리는 방법을 끊임없이 연구하여 곡면 합판 기술을 완벽하게 갖추게 되었다. 나중에는 굽어진 목재만 사용하게 되었다. 목재에서 탄력성을 유지하려는 첫 시도 중의 하나는 폴딩Folding의 방법이었고, 글루 라미네이드를 압축하는 방식이 의자가 받아야하는 구조적 힘을 지탱하는 방법이 되었다. 특히 자작나무는 증기압력 없이 가공할 수 있는 특성을 가진 나무재료이고, 이는 핀란드는 물론 스칸디나비아 4개국에서 곡목

bentwood 의자의 전통을 확립하는 데 큰 영향을 미쳤다. 파이미오는 의자는 나무가 둔탁하거나 클래식한 장식이 아닌, 모던한 현대적 이미지로 디자인 될 수 있다는 것을 시험적으로 보여주었다. 그리고 큰 비용 없이 의자를 생산할 수 있다는 본보기가 되었다.

Barcelona Chair, 1929(Ludwing Mies van der Rohe)

바르셀로나 체어의 시작은 건축가가 만든 공간의 분위기에 적합한 가구가 없었다는 것이다. 미스 반 데어 로에는 1929년 바르셀로나 세계 박람회의 독일관을 설계하고, 완성하였다. 미스는 평소 자신의 건축 철학을 건축물의 공간에서 보여주기 위해 내 외부 많은 것을 수직과 수평선이 강조된 단순하고 비례가 아름다운 어휘로 디자인 하였다. 건축의 재료는 강철과 유리, 대리석을 주로 썼는데, 당시 가구로는 이런 공간에 어울릴 만한 것이 없었다. 그래서 디자인된 것이 바르셀로나 체어이다.

박람회의 독일관은 당시 스페인 국왕의 접견이 이루어지는 장소였기 때문에, 미스 반 데어 로에는 권위와 전통이 있는 역사적 가구에서 모티브를 가져와 현대적인 의자를 만들고자 했다. 그래서 다리가 'X'자 형태를 하고 있는 고대 이집트의 귀족 의자에서 영감을 얻었다고 한다. 바르셀로나 의자는 'X'모양의 크롬 도금된 틀 위에 가죽 시트와 등받이가 놓인 구조다. 처음부터 전시장의 인테리어 요소로 디자인되어, 대량생산을 목적으로 만들어진 의자가 아니었다. 그러나 바르셀로나 박람회 독일관과 거장 디자이너의 명성은 이 의자를 대량생산하도록 만들었다. 미스 반 데어 로에는 전 세계에 철골조에 유리 커튼월로 마무리된 현대식 고층 건물을 퍼트린 대표적 건축가다. 그 이후 바르셀로나 체어는 현대식 건물 속 넓고 단순하며 탁 트인 로비에 가장 잘 어울리는 의자로 자리매김 되었다.

현대 건축가의 의자

건축가들이 만든 의자는 무슨 의미를 가지는 것일까? 현대에는 가구의 영역이 분명하게 구분되어있다. 하지만 근대 이전에는 집을 짓는 사람과 가구를 만드는 사람의 구분이 없었을 것이다. 우선 집이든 가구든 목수가 만들었을 것이다. 집을 짓고, 그 과정에서 필요한 선반과 가구를 만들었을 것이다. 점점 건축가의 영역이 만들어지고 건축가가 집을 만들면서 그곳에 필요한 가구를 고민하게 되었다. 그러인해 자연스럽게 건축가가 직접 만들어서 집과 가구를 동시에 제공하게 되었을 것이다.

찰스 임즈Charles Ormond Eames는 "나의 가구, 특히 의자에 흥미가 있다. 인간의 크기 정도의 건축물이기 때문이다. 이것이 바로 건축가들이 가구를 디자인하는 이유이다. 손으로 들 수 있는 건축물을 디자인 할 수 있기 때문이다." 라고 했다.

건축가 미스 반데 로에는 "의자는 매우 어려운 물건이다. 고층 빌딩 건설이 차라리 더 쉽다. 그것이 바로 치펀데일이 유명한 이유이다." 라고 하였는데, 이 말에 따르면 의자를 디자인하고 만든다는 것이 무척이나 어렵지만, 건축가에게 의미 있는 일이라는 것을 알 수 있다. 건축가는 의자에 자신의 건축 철학을 담아야 함과 동시에, 사회적 역할을 고려해서 의자를 디자인해야 했다. 이처럼 건축가에게 의자를 만드는 작업은 때로는 어려운 것이었다.

프랭크 로이드 라이트(Frank Lloyd Wright)

프랭크 로이드 라이트는 많은 의자를 디자인 하고, 만들었다. 그리고 그 의자를 자신이 설계한 건축물의 공간에 제공하여 사용되도록 하였다. 라이트의 후원회는 지금도 라이트의 의자 작품들을 모아서 기획전시를 자주하고 있다. 1895년 프랭크 로이드 라이트 하우스의 다이닝 룸의 의자는 떡갈나무와 가죽으로 만들어진 라이트의 초기 의자이다. 자신의 집을 설계하면서 사용할 가구(의자, 책상 등)를 디자인하고 만들었다. 이 가구들은 지금까지 보존되어 시카고의 오크파크에 있는 라이트 하우스에 전시되어 있다. 라이트의 의자는 특히 등받이가 높으면서도 심플한 모양새를 가지고 있다. 1903년의 윌리츠 하우스Ward W. Willits House의 다이닝룸에 있는 의자는 라이트 하우스의 의자보다 더 단순해지고, 장식이 사라지는 특징이 있다.

1904년에는 오크나무와 가죽으로 시트를 덮은 '사이드체어Side Chair (99.6×38×48.9cm)'를 만들었고, 1906년에는 라킨빌딩에서 사용될 오피스용 의자를 디자인하고 만들었다. 이 '오피스체어Office Chair(96.5×61.6×53.3cm)'는 스틸과 가죽커버로 만들어졌고, 회전하면서, 바퀴가 있어 이용이 편리한 현대 사무용 의자와 매우 유사하다. 1908년 코렐리하우스Avery Coonley House에는 오크나무와 가죽시트를 이용한 의자들(h=91.4cm, 100.2cm, 94cm)을 디자인했다. 이 의자들은 높이를 다르게 하면서 변화를 주었다. 1946년 탈리신웨스트Taliesin West의 '암체어Arm Chair(77.4×104.3×93cm)'는 기존의 형태를 완전히 극복하는 디자인으로 구체화되었다. 열대성 하드우드를 사용하여 시트와 등판이 일체화되어 있는 특이한

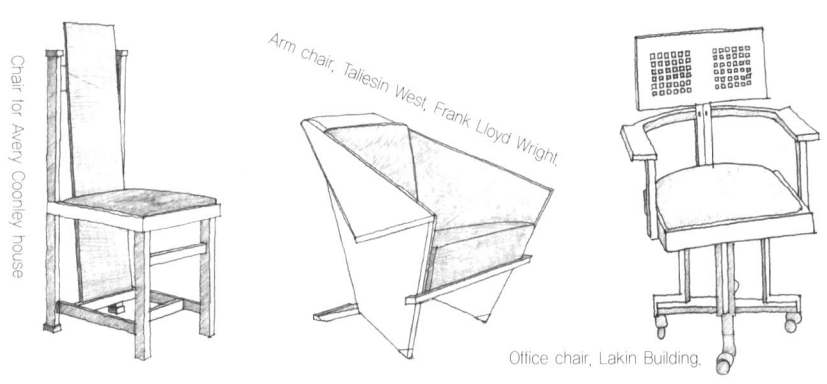

Chair for Avery Coonley house

Arm chair, Taliesin West, Frank Lloyd Wright.

Office chair, Lakin Building.

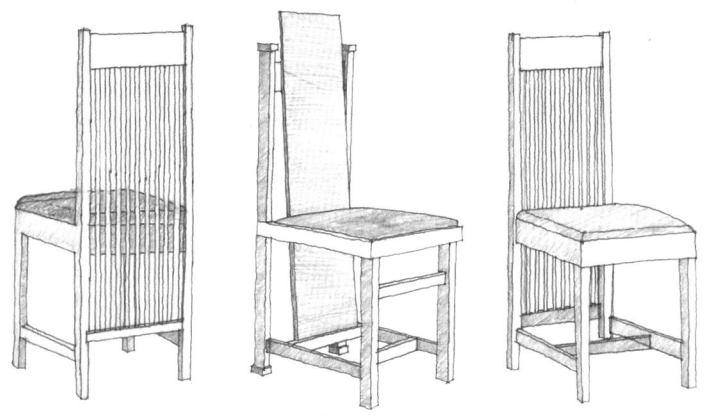

Chairs, Avery Coonley House, 1908, Frank Lloyd Wright

디자인을 하고 있다. 그리고 이 의자는 시대를 앞선 미래적 디자인으로 평가된다.

로버트 벤츄리(Robert Charles Venturi)

그는 1979년 뉴욕의 놀 인터네셔날Knoll International에 'grandmother pattern'을 이용해 장식한 의자를 발표하였다. 이 발표에 9개의 곡선적인 라미네이트로 만들어진 의자와 소파 그리고 3개의 테이블을 제출하였다. 벤츄리의 의자는 전통과 모던 디자인을 통합하는 디자인으로 새로운 산업생산 과정을 적용한 가구였다. 벤츄리 의자의 초기 영감을 알 수 있는 드로잉은 그의 의자 디자인이 자신의 건축세계 안에서 나온 것임을 드러낸다. 특히 그의 건축에서 뚜렷이 나타나는 현대 대중문화와 역사적 양식 문제와 동일한 선상에 있음을 알 수 있다. 게다가 현대적기술은 그의 역사적인 상징과 편안함과 안락함을 동시에 가능하게 하였다. 그 결과 그의 의자는 기능과 재미를 동시에 가진 작품이 되었다. 의자의 정면과 측면은 매우 다르다. 정면은 패턴(grandmother pattern)을 이용해서 사인-심볼을 드러내고, 측면은 얇고 은은하여 신비롭고 규정되기 힘든 실루엣을 가지고 있다.

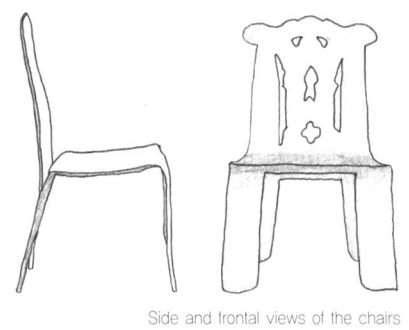
Side and frontal views of the chairs

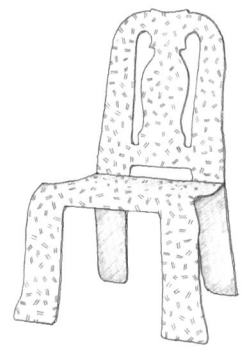
Chair decorated with the "grandmother pattern"

스미슨 부부(Alison+Peter Smithson)건축가

그들은 'House of Future'를 위해 4개의 의자를 디자인했다. 미래형 집에서 이동하기 쉬운 도구로서의 메커니즘을 중심으로 디자인하였고, 그중의 한 의자가 '포고체어 POGO Chair'이다. 이 의자는 제작 기술로써 스탠더드 터빙 방법이 사용되어 만들어진 결과물이다. 나머지 의자들도 집이 가진 두 개의 곡선들을 이용해서 모델링 되었고, 그 틀에 의해 만들어진 '에그체어Egg Chair'는 낮은 것이 특징이다. 그리고 TV를 보거나 독서를 할 때 이

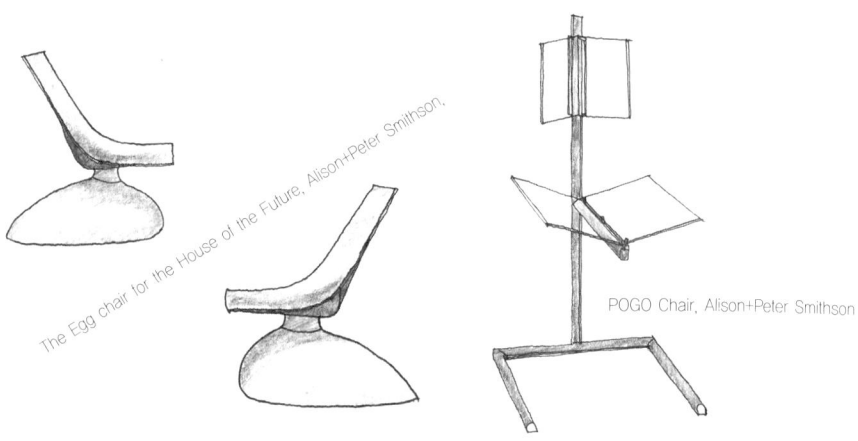
The Egg chair for the House of the Future, Alison+Peter Smithson,

POGO Chair, Alison+Peter Smithson

용하는 의자로 '튤립체어Tulip Chair'를 만들었다. 'Saddle boudoir Chair'는 편안하게 관람하는 의자로 디자인적으로 아주 우수하다.

오스카 니마이어(Oscar Niemeyer)

그는 뒤늦게 상업적 양산화 가구 디자인 활동에 뛰어들었다. 대부분 그의 디자인은 그의 딸 아나 마리아Ana Maria와의 콜라보로 진행되었다. 1972년 파리에 머무는 동안 그는 프랑시스 파우쳐Francois Foucher와 관련된 첫 번째의 편리한 의자를 만들었다. 그 의자는 스테인레스 스틸의 구조와 망사타입의 확장된 폴리에틸렌과 가죽을 덮고 있는 시트로 이루어져 있다. 니마이어의 가구디자인은 그의 건축에서 중요한 생각과 깊은 관련이 있다. 그것은 항상 각각의 재료와 형태학적인 한계를 세밀하게 구분하는 것에 있었다. 그는 나무를 압축하거나 모울딩하는 방법의 기술을 가진 기술자를 고용하였다. 그 결과 더욱 다양한 형상과 차원을 만들어 냈다. 재료들이 가진 선의 한계를 극복하기 위해 확장하거나 팽창하는 기술을 적용하였다. 또한 자신의 특별한 시적언어들과 독특한 요구를 충족시키기 위한 해답을 선의 확장과 팽창에서 찾았고, 그것은 아름다움과 기능을 동시에 통합하는 것으로 이어졌다.

Rio

오스카 니마이어의 안락의자 '리오'는 건축가 오스카 니마이어의 건축물을 닮아 있다. 리우데 자네이루에 있는 니테로이 현대미술관의 감각적인 곡선이 의자에 우아하게 흐르고 있다. 미려한 곡선과 미니멀한 형태를 가진 그의

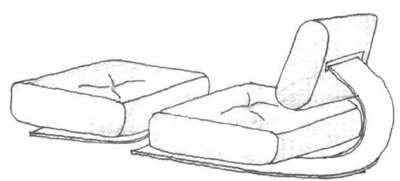
Chairs, Oscar Niemeyer

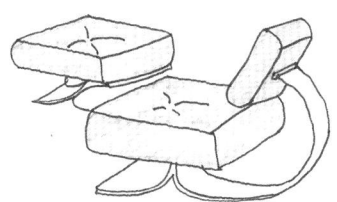

가구들은 예술적 가치를 지닌 작품으로 평가된다. 미니멀리즘이 성행하며 직선이 강조되던 시기에 유선형의 건축물을 디자인 한 것처럼 그의 의자 다리는 유선형 아치 돔이 받치고 있다. 등받이의 곡선은 부드럽기만 한 것이 아니라 역동적인 흐름을 보여준다. 그 역동성을 위해 꺾이는 부분의 경사각을 크게 강조하였다. 재료의 선택도 특이하다. 벤트 우드 프레임과 엮은 등나무의 조화는 남국의 정취를 자아내고 있다. 그의 의자들은 건축가의 예술적 기질을 감각적으로 드러낸 것으로 평가 받는다.

아르네 야콥센(Arne Jacobsen)

덴마크의 대표적 건축가이자 모던 가구 디자이너이다. 그는 벨뷰Bellevue에 있는 극장의 특별석을 위한 의자 디자인을 시작으로 많은 의자를 디자인 하였다. 그리고 의자를 디자인하면서 많은 변형 드로잉을 하였는데, 그 것이 '의자 형상을 위한 변형연구 드로잉'이다. 이 드로잉은 의자의 형상에 대한 연구의 결과물이다. 그 결과로 그의 의자는 유사하면서도 다양한 변형을 거친 작품으로 각광받는다. 그리고 현재까지 전세계적으로 많이 보급되어 있는 '에그 체어', '스완체어'가 만들어지게 되었다. 그의 의자 드로잉은 1952년 한셈 펌 F. Hansens Firm을 위한 의자의 변형연구와 모케가르트 스쿨Munkegards school을 위한 의자 형상 변형연구 등이 있다. 그의 대표적인 디자인 '에그체어'는 코펜하겐 로얄호텔을 위해 처음 디자인된 것이다. 이 의자는 진보된 생산 방식 때문에 새로운 형태로 만들어 질 수 있었다. 성형 유리섬유 위에 가죽이나 천을 감싼 발포 우레탄으로 만들어졌다. 형태나 재료에서 혁신적인 디자인이었고, 둥근 형태는 유기적인 느낌을 주어 편안함을 제공한다. '에그 체어'의 변형을 기본으로 한 연구로, 그는 '스완체어'나 '드랍Drop체어' 등을 만들었다.

EGG Chair for SAS Royal Hotel, Arne Jacobsen.

EGG Chair for SAS Royal Hotel, Arne Jacobsen.

찰스 임즈와 같은 미국디자이너에게 영향을 받은 야콥슨은 1952년 개미의 자Ant Chair를 제작했다. 이 의자는 다리가 세 개 달린 것이 특징으로, 그의 의자 중 초기의 모델이다. 그리고 어디서나 잘 어울려 다양한 장소에 사용되었다. 한 장의 합판으로 등받이와 시트부분이 연결되어 있고, 가느다란 강철 튜브다리로 구성되어 있다. 이 의자는 겹쳐 쌓을 수 있는 장점이 있고, 매우 견고한 의자로 평가받았다.

Chair for F. Hansens Firm(좌), Variation on the 1952 chair(우), Arne Jacobsen.

건축가의 의자 특성

의자를 '인간의 크기 정도의 건축물'로 이야기한 찰스 임즈 Charles Eames 의 말처럼, 의자는 건축물의 축소판처럼 많은 것이 건축과 닮아 있다. 미학이론이나 미적 가치에 대한 사유가 반영되어 최고의 디자인을 만들어내려는 점과 작지만 구조적으로 이용자의 체중을 버티지 않으면 의자로써 사용될 수 없는 점, 사용하는 재료의 물성과 물성에 적합한 해석 그리고 결합방법이 해결되어야 되는 점, 인문사회학적으로 가치 있는 결과물이 되어야 하는 점 등이 건축과 많이 유사하다. 그래서 의자는 작은 건축물이라 확장해서 생각할 수 있다. 창작성이 뛰어난 건축이 예술작품으로 평가되듯이 창작성이 뛰어난 의자도 예술품으로 가치를 인정받는다. 그래서 건축과 의자는 예술적 관점에서도 서로 통하고 있다.

건축의장적 : 미의 추구 및 건축적 사유 반영

르 꼬르뷔제는 자신이 주장한 '기계로서의 집'에 의자를 일종의 설비 개념으로 들여놓았다. 설비인 의자가 과거의 장식적인 의자처럼 생겨서는 안 되기에 르 꼬르뷔제의 의자(LC2 Grand Confort)는 기계의 외관을 하고 있다. 그리고 그가 디자인한 건축 공간과 딱 맞아떨어지는 썰렁하고 차가운 기계의 외관을 취하고 있다. 앞서 언급했듯이 이 의자는 이름이 '안락한 의자'임에도 엄숙해 보이고, 절제되어 보인다. 그 이유는 르 꼬르뷔제가 이 의자로 편안함이 아닌 그가 건축과 디자인에서 추구한 하나의 질서를 표현하고자 했기 때문이다. 그리고 그가 생각한 의자의 궁극적이고 이상적인 형태는 그가 건축과 회화에서 추구한 입방체로부터 온 것임을 알 수 있다. 그리고 정방형에 맞춰진 다양한 입방체 쿠션들이 가지고 있는 질서는 르 꼬르뷔제가 그의 건축에서 얼마나 질서를 중시했는가를 알 수 있는 증거가 된다. 이 의자는 그의 회화 작품 하얀 입방체와 자신의 대표작인 사보아 주택의 디자인 어휘와 관련 있어 보인다.

포스트모더니즘의 주창자 로버트 벤츄리는 역사적 양식을 차용한 자신의 건축처럼 의자 또한 19세기 영국의 앤 양식을 비롯해 다양한 양식을 빌려와 의자의 디자인에 적용했다. 그의 의자가 시대의 양식과 트렌드를 대변하는 상징물인 이유는 건축적인 사유가 의자의 디자인에 반영되었기 때문이다. 로버트 벤츄리는 건축에서 자신이 주장하고 추구했던 역사인식에 대한 문제와 상징성 등의 표현을 의자에서는 패턴(grandmother pattern)을 입히면서 그의 사고와 이론을 적용하였다.

건축가가 아름다움에 대한 시대적 사조나 패러다임을 의자 디자인에 드러내는 경우도 있다. 안토니오 가우디Antonio Gaudi는 아르누보적 성향을 대변하는 곡선적인 미를 이용한 디자인을 하였다. 특히 그의 대표적인 의자는 아르누보의 선이라는 곡선을 잘 이용하였고, 두 사람이 동시에 앉을 수 있는 의자는 아주 독특한 그의 건축적 작품과 유사하다. 미스 반데 로에는 그의 의자 바르셀로나 체어에서 자신만의 건축 사유를 적용하여 디자인하였다. 그리고 의자의 제작 목적은 건축가 자신이 디자인한 공간에 적합한 가구를 제공하기 위함이었다. 프랭크 로이드 라이트의 주택들에 있는 의자도 이와 동일한 사례로 이해할 수 있다.

오스카 니마이어의 안락의자 "리오"는 자신의 건축물을 닮았다. 리우데자네이루에 있는 니테로이 현대미술관의 감각적인 곡선은 의자에도 우아하게 흐르고 있다. 그의 가구디자인은 새로운 건축 디자인을 위한 스케치 과정과도 같았다. 미려한 곡선과 미니멀한 형태를 가진 그의 가구들은 예술적 가치를 지닌 작품으로 평가받는다. 이처럼 니마이어의 건축에서 나타나는 현대적 기술미와 구조미가 드러나는 곡선은 그의 가구나 의자(리오)에 동일하게 적용된 건축가의 아름다움에 대한 표현이다.

미스 반데 로에의 브루노Brno 체어는 체코의 브루노 지역 "투겐하트" 저택을 위한 캔틸레버 의자이다. 1930년에 완공된 투겐하트 저택Villa Tugendhat은 1920년대에 유럽의 건축에서 등장한 근대화, 국제주의적 경향에 걸맞는 가장 뛰어난 예라고 할 수 있다. 이 건축물은 유럽 모더니즘 건축의 선구적 원형pioneering prototypes이라 평가되었다. 그리고 이 건축물을 위해 건축가는 인테리어 디자이너 릴리 라이히와 협업으로 디자인하였다. 이 건축물과 브루노 체어는 미스 반데 로에가 건축 내·외부 공간 및 가구까지 일관되게 그의 철학을 담고자 노력한 결과물이다.

재료의 물성과 구조

의자만큼 구조, 형태, 재료 면에서 창조적 여지가 다분한 가구는 많지 않다. 그리고 디자인의 다양성에서 의자의 풍부함을 따라올 수 있는 것도 없다. 디자인의 출발부터 다른 물건과 견주어 의자에는 무한한 가능성이 있다고 할 수 있다. 다리 구조만 해도 와인 잔처럼 하나로 지탱하는 것, 공중에 뜬 것처럼 보이는 캔틸레버 방식, 사무용 의자처럼 하나의 기둥에서 5개의 발로 퍼지는 것, 다리로 지탱하는 게 아니라 건물 벽처럼 면으로 처리하는 것, 아예 다리를 포기하고 공중에 매달리게 하는 것 등 다양하다. 재료에서는 기존의 나무에서 시작해 합판, 강철, 알루미늄, 와이어, 플라스틱, 가죽, 천, 탄소섬유, 돌에 이르기까지 자연과 인공의 모든 재료가 쓰인다. 그리고 재료에 따라 의자는 전혀 다른 느낌을 전달한다. 이런 이유로 의자는 디자이너의 창의성을 판단하는 가장 좋은 아이템이다. 의자에 내재된 창조적 가능성은 많은 건축가와 디자이너로 하여금 의자에 도전하게 만들었다. 당대의 새로운 재료와 기술이 건축에 새로운 조형 가능성을 부여한 것처럼 의자에도 똑같이 새로운 스타일을 낳았다. 19세기에 등장한 강철과 철근 콘크리트, 유리와 같은 재료는 모더니즘을 낳는 결정적 바탕이 되었다. 강한 재료, 그러면서도 대량생산할 수 있는 재료는 그 전에 볼 수 없었던 전대미문의 혁신적 건축 양식을 낳았다. 혁신적 양식을 창조한 건축가들은 자신의 디자인 이념을 보여줄 수 있는 결정체로 의자를 선택하였다.

바우하우스의 대표작 바실리 체어와 미스 반데 로에의 브르노Brno 체어 등은 단순한 구축적 방식을 탈피하여 새로운 구조방식을 적용한 결과이다. 특히 프랭크 로이드 라이트의 암체어는 자신이 지속적으로 해오던 의자의 디자인에 비해 특이한 제품이다. 그리고 스미슨 부부의 에그 체어와 아르네 야콥센의 에그 체어는 접합부에 대한 숨김과 특수한 재료를 적용한 결과이다. 알바알토의 파이미오 의자와 오스카 니마이어의 리오는 목재의 구법과 가공법의 한계를 극복한 결과물이며, 아름다운 유선형 곡선을 사용하여 구조적 신비감 연출하고 있다. 특히 오스카 니마이어의 의자는 일반인은 추측이 불가능한 구조 해석 방법을 사용하면서, 아름다움뿐만 아니라 구조적 관심을 유도하고 있다.

대부분 건축가들의 의자는 사용한 재료의 물성을 충분히 드러내고 있다. 프랭크 로이드 라이트는 오크 목재를 이용하면서 목재의 접합을 최대한 디자인 요소로 사용하였다. 가늘고 긴 목재의 반복사용을 통해 클래식하면서도 모던한 이미지의 의자를 만들었다. 지역, 풍토 건축가로 유명한 알바 알토는 자국인 핀란드의 자작나무를 이용하여 파이미오 의자를 만들었다. 이 의자에서는 목재의 굽힘 기술이 돋보이는데, 이는 자작나무에서만 가능한 방법으로, 재료의 물성과 가공방법의 오랜 연구와 실험의 결과이다. 미스 반데 로에는 스틸 튜브관 steel tube을 이용하여 의자를 디자인 하였는데, 이는 철재의 가공을 통해서 가능한 세장미가 나타난다. 바우하우스의 바실리 체어는 스틸 튜브와 가죽을 사용하여 튼튼하면서도 가벼운 느낌의 분위기를 자아낸다. 스틸 튜브관의 사용은 브로이어가 자전거에서 영감을 얻은 것이며, 바실리 의자에서 검정 가죽을 빼버리면, 현대의 철골 건물처럼 뼈대만 남는다.

인문적 접근 및 사회적 요구 반영

의자는 일차원적인 기능 외에도 사회·문화적으로 다양한 역할을 한다. 좋은 디자인의 의자는 타 영역의 디자인적 선구자 역할을 하기도 하고, 인간 삶의 흔적으로 주목 받기도 한다. 그리고 다양한 사회적·예술적 의미로 해석되기도 한다. 화가 고흐의 의자 그림은 의자가 단순한 기능적 역할을 뛰어넘어 기억이나 인간의 삶을 묘사하는 대상이 된 사례이다.

의자를 만들 때의 신기술은 인간의 삶을 윤택하게 하고, 편리하게 하는 역할을 한다. 그리고 그 역할을 위해 의자의 디자인은 결정되었다. 오스카 니마이어는 자신의 건축물과 이미지가 유사한 의자를 디자인했는데, 이 역시 보는 순간 그의 건물디자인과 매우 유사한 미래지향적 유선형 디자인임을 감지 할 수 있다. 또한 이 의자는 기능역시 디자인만큼 우수하여 미래형 의자라는 평가를 받는다. 이처럼 의자가 사회의 분위기와 문화가 투영된 결과물로 만들어진 경우도 많이 있다. 스미슨 부부의 의자는 미래형 주택에서의 다양한 활동을 전제로 한 의자로 디자인 되었다. 주택에서의 유형별 활동에 적합한 의자를 각각 제공함으로써 인간의 생활을 편리하게 해주는 실험 같은 작업이었다. 인간의 삶을 좀 더 편리하게 하고 싶은 건축가의 욕망이 담긴 의자였다.

아르네 야콥센의 에그 체어는 현재까지 무수히 많은 제품들이 양산(量産)화되어 보급되었다. 편리함과 디자인적 우수함이 의자에 대한 인식을 바꾸는 계기로 작용했다. 이 디자인은 다른 분야로 전수되어 다양한 분야의 디자인적 모델이 되었다. 알바 알토의 파이미오 의자는 요양원의 환자들을 위한 의자였는데, 건축가는 우선 환자들을 위해 신체가 접촉하는 부분을 따뜻하게 하였다. 그래서 그 시대에 대부분 사용하던 철을 사용하지 않고, 현지에서 나는 자작나무를 사용하여 의자를 만들었다. 엉덩이가 닿는 시트를 따뜻하게 하면서도 환자들이 쉽게 이용하고 안락함을 극대화 할 수 있는 의자를 만들었다. 즉 사용자(요양원 환자), 인간을 위한 의자였다. 이것이 건축가 알바 알토가 생각하는 의자의 본분이었다. 당시 국제주의 양식이 유행했던 점을 감안하면 이례적인 관점이었다. 그리고 자신의 지역에서 생산되는 재료와 그 지역민을 위한 지역의 장점이 잘 반영된 의자로서 인문적 관점에서 좋은 의자로 평가된다.

프랭크 게리의 게리하우스에서 알 수 있듯이 그는 초기에 재활용에 관심이 있었다. 그는 모든 것이 풍족했던 과소비 사회에 대한 반대 이념으로 경제적이고 환경문제를 해결 할 수 있는 소재에 대한 고민을 하였다. 그 결과 17개의 단위로 구성된 '이지 엣지 그룹(Easy Edges Group, 1972)'을 발표하고, 이들을 이용한 골판지 종이의자를 선 보였다. 이 의자는 쉽게 만들 수 있어 저렴하고 재활용할 수 있다는 특징이 있었다. 이처럼 사회비판이나 경제적 환경문제를 극복하기 위한 노력으로 자신의 의자디자인을 선보이고, 몸소 실천하는 경우도 있다.

참고문헌
- 의자 [chair, 椅子] (두산백과) 참조
- Kathryn Smith, Frank Lloyd Wright America's Master Architect, Abbeville Press Publishers.
- Frederic Schwartz, Carolina Vaccaro, Works and Projects, Venturi scott brown and associates, Editional Gustavo Gili, S.A.,Barcelona 1995. pp.128-129.
- Marco Vidotto, Works and Projects, Alison+Peter Smithson, Editional Gustavo Gili, S.A.,Barcelona 1997. pp.94-95.
- Josep Ma. Botey, Works and Projects, Oscar Niemeyer, Editional Gustavo Gili, S.A.,Barcelona 1996. pp.232-235.
- Karl Fleig, Works and Projects, Alvar Aalto, Editional Gustavo Gili, S.A.,Barcelona 1996. p.247.
- Asterios Agkathids 편집, 조순익 역, Design and Architecture Digital manufacturing, 시공문화사, 2010. pp.126-129
- 공혜원, 서양가구의 역사, (주)살림출판사, 2012

의자, 재료의 온도

철 의자

어린 시절 사람을 그릴 땐 항상 동그라미로 머리를 그린 후 'ㄱ'자로 얼굴영역을 나누었다. 아마 의자를 그렸다면 아래그림처럼 그렸을 것이다.

그리고 어른이 되고 무게를 알게 된다. 자유로운 몸이 되고자 했지만 자기에게 주어진 무게는 감당해야 한다는 것을 깨닫게 된다. 나이가 들어가면서 무게를 감당할 수 없는 의자는 그릴 수 없게 된다. 무게가 증가하면서 다리가 굵어진다. 접합부를 소뼈 관절처럼 둥그렇게 하면 조금 더 얇아질 수 있을까? 이정도 무게에는 나는 아직 자유롭다고 말할 수 있을까?

근대 건축가는 철을 접하고 자유를 느꼈을 것이다. 지금까지 강하게 형태를 짓눌러왔던 중력으로부터 해방되는 자유이다. 당시 근대를 열었다고 일컬어지는 벽돌과 콘크리트가 이전 시대 미적 표현(고전주의)의 답습이 가능했던 반면 철은 자유를 향해 날아가는 날개의 소재이다. 얇은 부재와 부재 사이에 공간을 담고, 하늘을 담고, 햇살을 담게 되었다. 그리고 햇살이 강해지면 부재는 사라진다.■

건축가 시게루 반Ban Shigeru이 탄소섬유를 이용해 어린이가 그린 듯한 의자■■를 만들었다. 만유인력은 중력을 낳아 서로를 끌어당긴다. 따뜻하지만 서로의 무게를 감당해야 한다.

나는 날아가고 싶다.

● 건축재료

우제철 쓰다

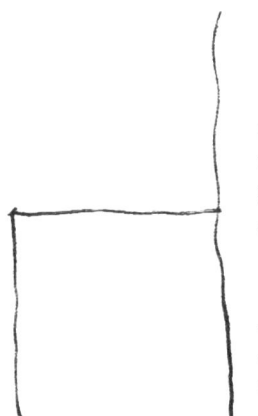

■ 이해가 어려운 독자는 햇살 좋은 날 태양을 향해 손바닥을 펼쳐보기 바란다.

■■ 시게루 반의 탄소섬유 의자 carbon fiber chair는 TOKYO FIBER '09 SENSEWARE를 찾아보기 바란다.

플라스틱의자

流 흐르다.

근대를 연 재료의 물성은 유동流動이다. 유리, 콘크리트, 철, 그리고 합성수지(플라스틱)의 유동성流動性은 산업혁명과 만나 다양한 제품의 정교한 형태를 만들었고 곧이어 자기 복제를 하더니 대량생산을 통해 현대를 낳았다. '깎다'와 '빚어내다'는 도태되고 '찍어내다'가 공장이 되고, 디자인은 산업이 되었다.

합성수지는 플라스틱(그리스어 플라스티코스plasticos, 형태를 만들기 좋은)이라는 별명을 얻고, 초기에는 인간이 형태를 만들었으나 이제는 플라스틱 스스로 형태를 만들기 시작했다.■■■ 엄밀히 말하면 플라스틱의 비정형의 형태는 인간을 닮은 모습이 아니라 진화하는 기계문명의 모습이고 이제 통제를 벗어난 욕망의 복제와 증식이다.

■■■
예를 들면 Jólan van der Wiel의 의자 프로젝트 'Gravity Stool' 또는 Aikira Wakita의 Blob Motility를 참조하기 바란다.

영화 터미네이터에서 인간의 첫 번째 적이 인간과 비교할 수 없는 기계문명의 힘이었다면, 두 번째 적은 끊임없이 형태를 변화하는 액체 금속의 공포였다. 근대 이전의 적은 그러했다. 두려웠지만 상대를 알 수 있었고, 공룡과 같이 그 크기와 힘은 공포와 비례하였으나 인간은 극복할 수 있었다. 하지만 형태를 알 수 없는 이후의 적은 끊임없이 형태를 바꾸고 재생산되어 이 땅을 뒤덮고 있다.

목재와 석재를 연장으로 다듬어 형태를 만들어 온 인간에게 다가 온 플라스틱은 디자인과 생산의 개념을 완벽히 바꾸어놓았다. 아이러니하게도 지구위의 모든 생명체가 땅에 묻혀 만들어낸 현대산업의 욕망체인 석유는 액체와 고체를 되풀이하면서 형태를 만들고 변화하고 재생하는 재료가 되었다. 그러나 생명체의 온도는 전혀 남아있지 않은 이 정체 모를 플라스틱은 모든 재료의 물성을 삼켜버리고 자리를 차지하고 있다.

아름다운 나무의 모습으로 방바닥과 책상, 가구를 뒤덮더니 대리석 모습의 욕조로 형태를 바꾼다. 이제는 여배우의 얼굴과 몸속으로 스멀스멀 흘러들어가더니 3D 프린터 속에서 모든 욕망의 형태를 스스로 만들어간다.
전날 마신 술을 깨기 위해 동네 슈퍼마켓 앞 붉은 플라스틱 의자에 앉아 담배를 피워 물고 캔 커피를 딴다. 비도 눈도 아닌 진눈깨비가 나리더니 알바 여학생이 급히 나와 붉은 플라스틱 의자를 기계처럼 척척 쌓아올려 한쪽 구석으로 치워둔다. 갑자기 끊임없는 복제로 이루어진 기계문명의 척추와 같은 모습에서 두려움을 느낀다.
붉은 눈의 터미네이터는 말한다. I'll be back!!

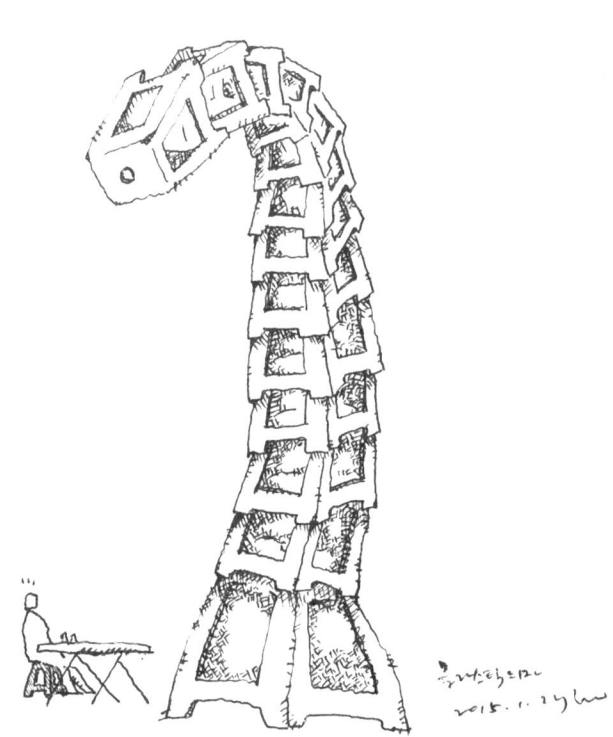

나무의자

삐걱...

소리는 에너지다. 목재는 건축재료 중 유일한 생명체이다. 생명체로서 성장을 하기 위한 세포는 톱 끝에 잘려나가 의자로 만들어진 후에도 잃어버린 꼬리뼈처럼 공극을 통해 끊임없는 숨을 쉰다. 숨구멍은 온도와 습도에 따라 미세한 형태의 변화를 초래하고, 많은 건축가들이 나무를 버리기 시작한 것은 근대 이후 만나게 된 숨을 쉬지 않는 무기재료의 편리함의 매력이다.

인류의 과학기술이 발전하여 인간과 동일한 휴머노이드humanoid가 개발되고 또는 성욕마저 만족시킬 수 있는 5감의 가상체험이 현실화되면 게으른 남편과 잔소리를 늘어놓는 마누라가 필요 없어질까?

목재의 접합에 사용되는 결구는 한자의 요철凹凸과 같은 완벽한 결합을 떠올리게 된다. 어쩌면 제 몸에 큰 구멍을 뚫고 타인의 돌기로 나를 채우고 함께 외부 힘에 저항하는 모습은 그 한자의 모습과 같이 완벽한 음양의 상생의 궁합마저 느끼게 되는 접합법이다. 하지만 목재는 온습도에 의한 수축으로 결구 사이의 틈이 벌어지게 되고 삐걱거리게 된다.

그래서 나무를 다루는 사람은 나무의 종류뿐만 아니라 나무가 살아 온 시간이 축적된 결을 읽고, 그 결에서 미적인 무늬만을 찾는 것이 아니라 의자로, 건축으로 만들어진 후 오랜 시간동안 어떻게 숨을 쉴 것인가를 고민한다.

요즘 건축에서 다시 목재를 찾는 이들이 많아졌다. 물론 공업화된 기계문명의 발달로 치목과 가공의 정확도가 높아지고 생산성이 증가하게 되었다. 그리고 현대 화학의 도움으로 내부 구멍이 약제로 가득 찬 박재가 되어버린 이름뿐인 생물이라도 가까스로 숨을 쉬는 재료를 우리가 가까이 하는 것은 시각적인 측면뿐만 아니라 콘크리트와 같은 덧없는 무한함을 꿈꾸는 현대인에게 유한함의 소중함과 가치를 깨닫게 해준다.

그리고 제 몸에 구멍을 내고 타인을 받아들여 완벽한 일체를 이루어낸 결구는 기계가 아닌 체온을 가진 생명체가 다른 체온을 만나고 때로는 삐걱거리며 종국에는 손때가 묻어있는 작은 자연이 되기에 우리 곁에 있는 오래된 나무 의자는 소중한 존재이다.

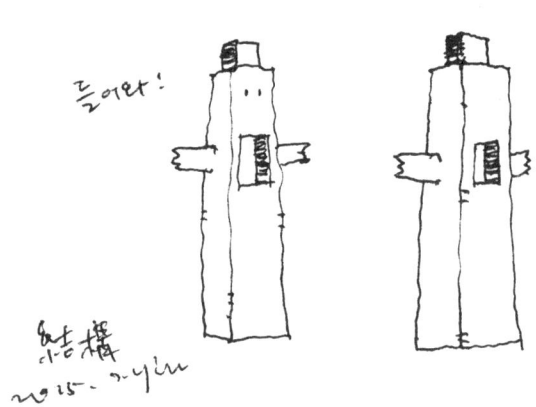

재료와 의자

김종서 4집(1995)에 '플라스틱 신드롬'이라는 노래가 있다.
'거리엔 똑같은 얼굴의 사람들... 세상 모든 걸 꾸미려고 하지 마...'
플라스틱에 의해 모든 물성이 사라지면서 우린 똑같은 얼굴의 건축과 도시를 마주하고 있다. 영화 '퍼펙트 센스'의 식감을 잃어버린 사람들처럼 무엇이든 입에 집어넣으면서 잃어버린 맛을 찾으려 하지만 이내 절망한다. 1990년대 초고층건축 시대에는 고강도의 열풍이 불었다. 이후 MBA, CM 등 돈과 시간을 관리하는 매니지먼트의 열풍으로 '가격대비 효율'에 왼발을 맞추었다. 2000년에 들어서 친환경의 바람이 강하게 불더니 이전 정권의 권력자가 내세운 캐치프레이즈로 권력의 맛도 봤다.

건축가 또는 의자 디자이너는 어떤 재료를 원하는가? 어윈 비레이Erwin Viray는 '왜 재료 디자인인가?(2010)'에서 건축가가 된다는 것은 생각과 재료 사이에서 연계성을 이어주는 중재자가 되는 것이라고 말한다. 중재자는 재료로부터 무엇을 끌어낼 수 있는가, 그리고 무엇을 자극하며, 최종적으로 무엇을 창조하며 무엇을 파괴할 수 있는가에 대한 끊임없는 탐구를 요구한다.

요리를 연구하는 자라면 좋은 요리를 먹는 것만으로 새로운 요리를 만들 수 없다. 가끔은 시장에 들러 당근을 직접 씹어 먹어보고 싱싱한 파에 묻은 흙냄새를 맡아봐야 한다. 최고급 소고기에 약간의 소금만 뿌리고 굽기 정도에 따른 풍미를 직접 이와 혀로 맛봐야 한다. 와인을 즐기진 않지만 와인을 마시기 전에는 먼저 맛을 느끼는 법부터 배운다. 이와 혀 곳곳의 미각을 칫솔질 하고 새로운 재료를 입에 넣기 전에 반드시 입속을 물로 헹궈 내야 한다.

의자 프로젝트가 끝났으니 칫솔질 한번 하고 다음 맛을 기다려야겠다.

의자와 구조

들어가며

건축구조
송종목 + 안재철 소나

'건축가의 의자' 전시에 참여하기로 하고 부쩍 의자에 관심을 갖게 되었다. 그리고 의자에서 이루어지는 일상이 자연스럽게 눈에 들어왔다.

동아대 안모 교수(안박)가 갑자기 의자를 격렬히 삐걱거리며 다리를 떠는 건 뭔가 글쓰기가 잘 안된다는 뜻이다. 건전지 송모 소장(쏭박)은 안박 연구실 의자에 푹 기대어 앉다가 결국 하나를 부수고 말았다. 건전지 아르바이트생 하경은 무슨 대단한 디자인이라도 떠올리는지 툭하면 의자를 뒤로 젖히고 생각에 빠진다. 캠핑에 막연한 로망을 가지고 있는 안박은 엉덩이 한쪽도 겨우 걸칠만한 조그만 접이식 의자를 쇼핑몰 위시리스트에 올려두고 항상 고민 중이다. 건축이 삶을 담는다고 한다면 의자는 생활을 담는다. 그리고 생활의 무게를 기꺼이 견딘다.

의자 전시에 참여한 다른 건축가와 달리 재료와 구조전공인 안박과 쏭박은 결국 형태적으로만 전통건축의 공포를 닮은 작품을 제출했다. 이는 구조부재 속의 보이지 않는 힘의 흐름이 느껴지는 합리적인 형태가 아름다워 보였기 때문이다.

의모체험 송야종목+안재철(2014)

의자의 구조시스템

의자는 작업이나 휴식을 편하게 할 수 있어야 한다. 광고에서는 P사의 스포츠카 좌석처럼 인체공학을 적용한 듯 화려한 곡선

제도실 의자의 등받이

의 의자는 당신의 무게를 안정적으로 의자에 전달하고 오랜 업무시간에도 당신의 허리를 편안하게 해 줄 것이라고 유혹한다.
의자는 기본적으로 사용자의 엉덩이 부분에서 받은 무게를 다리로 전달하는 좌판과 이를 바닥으로 전달하는 다리로 구성된다. 수직으로 전달되는 무게 이외에도 수평방향으로 움직이는 동작에 의해 작용하는 수평하중을 지지하는 등받이와 사용자의 편안한 자세를 위한 목받이와 팔걸이가 추가로 구성된다.

의자의 구조시스템은 이러한 다양한 하중을 각 부재에 분산하여 구조적 안정성을 충분히 확보해야 한다. 그리고 각 구성 부재의 구조적 결합시 용접과 볼트 등의 강접합 또는 핀접합의 접합방법에 대한 다양한 아이디어를 도출하여 최적의 구조 디자인을 수행한다. 때로는 디자이너의 다양한 형태적 의도에 수반하는 구조적 문제를 해결하기 위하여 버팀대, 가새 등의 보강부재를 마련하기도 한다. 따라서 의자는 중력과 중력에 저항하는 내력을 통해 완벽한 힘의 평형을 이루어야 한다. 너무나 익숙한 형태를 하고 있는 의자이지만 이러한 힘의 평형이 깨질 경우 우리는 일상생활에서 다양한 의자의 파손을 경험하게 된다.

설계 크리틱의 공포로 인해 탄성범위를 초과하는 힘의 작용으로 파손된 검정색 제도실 의자의 등받이, 아치 형태로 하중을 잘 분산시키도록 제작되었으나 부장님의 강력한 인장하중으로 파괴된 다리 받침, 그리고 앉아있기 보다는 들고 있었던 기억이 더 많은데 삐걱거리기만 하던 국민학교 목제의자까지 우리는 다양한 힘의 균형의 파괴를 경험해왔다.

이제는 카페 인테리어 소품으로 사용되는 당시 국민학교 의자의 'ㄱ'자 띠쇠로 덕지덕지 보강된 모습은 산업화시대의 교육의 현실이었고 조금은 부족했지만 모두 같은 꿈을 꾸었던 누벼진 삶의 잔상이다.

앉고, 흔들고, 기대다

앉다

오신욱 소장이 직접 제작한 의자 중 하나는 지나치게 세장한 부재로 제작되어 누가 보더라도 불안한 형태였다. 오소장은 안박이나 쏭박이 앉아도 거뜬하다고 너스레를 떨지만 50kg 안팎의 여성도 의자를 보곤 멈칫할 정도이다.

물론 재료로 사용한 멀바우Merbau 소재의 강도가 좋다고 하지만 구조전문가인 쏭박도 앉기를 주저한다. 오소장의 의자가 주는 매력은 먼저 재료에 있다. 멀바우 소재는 목재 중 강도가 뛰어나 일반인들이 경험상 인지하고 있는 목재의 부재보다 훨씬 얇은 부재로 수직하중을 지지하고 있다. 영화의 전당의 캔틸레버와 같이 경험에 의한 (중력의) 상식 범위를 벗어나는 형태를 만날 때 사람들은 감동하게 된다.

세장한 의자 다리에 압축력이 작용하면 좌굴이나 벌어짐이 발생하게 된다. 그러나, 동일한 부재 크기에서도 버팀대를 이용해 역도선수의 허리띠와 같이 횡변형을 제어하면 수직하중에 저항하는 내력이 증가하여 더 무거운 무게에도 저항하게 된다.

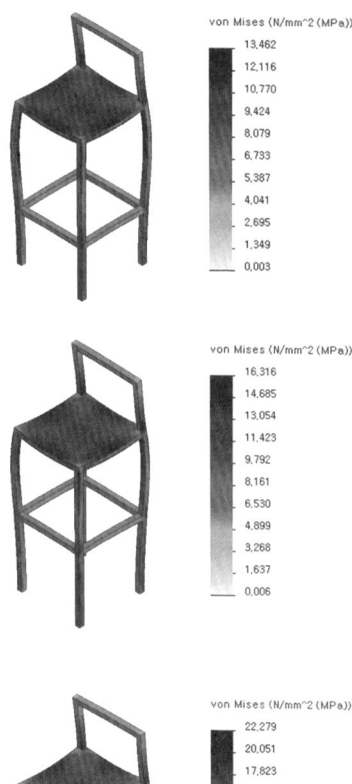

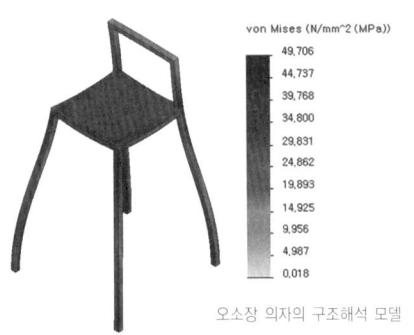

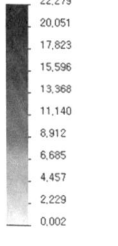

오소장 의자의 구조해석 모델

버팀대의 위치는 다리 높이의 0.3~0.4H일 때가 압축저항 능력이 최대화된다. 간단히 구조해석을 해보면 버팀대가 1/3 지점에 설치된 의자가 버팀대가 없는 경우의 6.8배, 상부에 있는 경우의 2.2배, 중앙에 있는 경우의 1.4배나 누르는 힘에 더 많이 저항한다.

오소장의 의자의 아름다움은 고강도 목재의 사용에 따른 파격적인 단면축소와 효율적인 횡변형 제어에 의한 보이지 않는 내력의 증대가 비밀이다. 이런 디자인을 만날 때면 건축가의 힘에 대한 감각인지, 경험에 의한 지혜인지, 아니면 우연인지 궁금하다. 어쨌든 버틴다는 것 자체가 삶이니 얇은 부재가 구조적으로 완벽한 지지를 하는 모습은 언제나 아름답다.

좌우로 흔들다

의자를 구매하러 가면 대부분 '앉아본' 후, 엉덩이를 '좌우로 흔들고', '뒤로 한번 젖혀'본다. 이는 기본적인 몸무게의 지지 이외에 다양한 생활하중에 대한 안정감과 안락함을 시험하는 것으로 구조에 대한 지식이 전혀 없는 사람들도 자연스럽게 하는 행동이다. 그러고 보면 우리나라는 지진에 대해서는 비교적 안전한 나라이나, 의자의 세계에서 지진은 너무도 빈번히 일어난다.

일본에서 공부한 안박은 무인양품MUJI의 신봉자이다. 심지어 귀국해서도 식탁과 의자 세트를 일본에서 주문할 정도이고, 집에 놀러 가면 지겹게도 식탁의자를 자랑하며 감탄한다. 무인양품 의자의 디자인은 단순하다. 그런데 직접 본다면 다들 느끼겠지만 뭔가 허전하다. 가로버팀대가 없다. 형태만 봐도 알겠지만 가로버팀대가 없는 의자는, 특히 맞춤으로 결구되어 이루어진 목제의자는 재료의 수축과 장기적인 반복 하중에 의해 분명 삐걱거리면서 부재간의 유격이 생기고 변형이 점차 증가하여 사용이 어려워진다.

용접과 같은 강한 접합부로 강접합을 하면 좌판과 다리가 일체가 되어 변형저항능력이 커지고 동일하게 움직임에 따라 수평하중을 고르게 분산시켜 다리에 작용하는 하중을 감소시켜주어 안전성을 확보할 수 있으나 아무래도 가구식 구조는 일체성이 부족하기 마련이다.

플라스틱에 의한 유기적 형태로 유명한 찰스 임스Charles Eames와 레이 임스Ray Eames가 디자인한 RAR Rocking Armchair Rod와 같이 가로버팀대를 대신하여 가새를 설치하는 것도 일반적인 방법이다. 이 작품의 경우 다리가 좌판의 중심에서 바깥으로 벌어져 있는 형태로 횡력에 대한 취약점을 가지고 있으나 얇은 강철 튜브관의 다리와 가새를 이용해 구조적 아름다움마저 보이고 있다.

무인양품의 의자와 같이 어떠한 디자인의 의도에 의해 굳이 가로 버팀대를 생략하기 위해서는 다리와 보를 일체화하기 위하여 접합부의 높은 강성이 요구된다. 따라서 일반적으로 부재 휨모멘트 크기에 비례하는 형태로 다리를 만들거나 접합부 면적의 증가가 요구된다.

부재(member)를 생략하는 것은 어려운 일이다. 디자인을 위하여 어떠한 부재를 생략하고자 할 때에는 이미 존재하는 어떠한 힘을 마치 처음부터 없었다는 듯 우회하거나 상쇄시켜야 하는 구조적 궁리가 필요하다. 실제 물리체계에서는 불가능하더라도 건축가는 종종 마법처럼 사라진 중력을 표현하길 원한다.

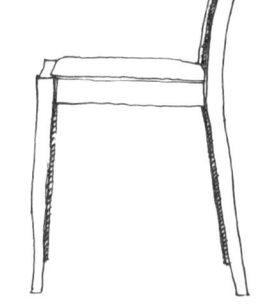

무인양품의 의자

이카로스Icarus의 날개는 인간의 욕망이다. 날개를 만들어 자신과 아들 이카로스의 등에 붙인 명장名匠이란 이름의 다이달로스Daedalus는 신화 속 (아마도) 최초의 건축가이다. 건축가는 자신만의 건축을 위한 다양한 미적 표현을 원한다. 그리고 아마 그들이 다가가고 싶은 궁극의 아름다움 중 하나는 중력으로부터의 자유이다. 태양으로 날아가고 싶은 아들 이카로스를 잃은 아버지 다이달로스의 다음 날개는 어떠할까? 자유를 꿈꾸는 이카로스에게는 너무나 매력적인 태양에 '다가가지 말라'는 경

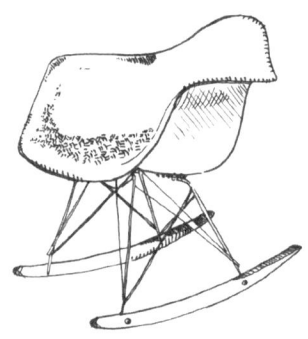

찰스 임스와 레이 임스의 RAR(1948)

고는 무의미하다.

일본인이 만든 조어造語인지는 모르겠으나 서양의 'member'와 동양의 '부재部材'의 단어가 주는 뉘앙스는 닮은 듯 다르다. 그 의자... 곡선 하나 없는 디자인이지만 참 아름답다.

기대다

얼마 전 직장인의 애환을 그린 '미생'이란 드라마가 호평을 받았다.
신입사원은 냄새나는 슬리퍼를 한손에 들고 사무직원의 애환을 토로했지만, 사무용 의자만큼 직장인의 삶을 표현할 수 있는 것이 또 있을까 하는 생각이 든다.
회장님 의자로 부르는 가죽의자를 뒤로 젖히고 책상위에 발을 올려놓는 기분, 전쟁 같은 프로젝트가 끝난 후 의자를 잠시 뒤로 젖히고 눈을 감는 10여초의 달콤한 휴식은 의자가 지지해야 하는 또 하나의 삶의 하중이다. 그래서 실제 버스를 기다리기 보다는 할아버지와 외국인 노동자의 휴식이 주를 이루던 진례 버스쉘터의 벤치는 자세에 따라 각도를 조절할 수 있는 등받이를 디자인했다.

의자의 등받이가 재미있는 점은 건축구조와는 달리 두 가지 힘에 저항하는 것이다. 일을 할 때는 일정한 강성으로 허리를 받쳐주고, 등을 기대어 뒤로 젖힐 때는 일정 허용 범위 내에서 변형하여 안정적으로 뒤를 받쳐주고 다시 원래로 회복해야 한다. 대개 그 메커니즘은 두 가지이다. 하나는 핀으로 구성되어진 정첩으로

진례 버스정류장의 외국인 노동자

저항하는 것과 재료나 부재 자체의 탄성을 이용하는 것이 일반적이다. 학교, 사무실에서 가장 싸게 많이 보급되어 있는 의자에도 재료의 탄성을 이용한 최소한의 휴식 기능이 있다. 하지만 지나친 하중에 '뿌직' 등받이 합판이 파괴되기도 하고, 쏭박이 부순 캔틸레버 의자처럼 다리가 휘어버리기도 한다.

학교 기자재 파괴범 쏭박은 몸무게 탓이 아니라고 한다. 물론 ㄷ자로 캔틸레버 의자를 만드는 다양한 이유가 있겠지만, 구조적으로는 다리를 동그랗게 하는 것이 응력이 꺾이는 부분에 집중되지 않아 훨씬 유리하다. ㄷ자 형태의 캔틸레버였기 때문에 꺾이는 부분에 사용자의 반복하중에 대한 피로에 의해 이미 강도가 많이 저하되어 있었다고 주장한다. 의자 등받이는 어쩌면 별 대단하지 않은 디자인처럼 보이지만 사람의 몸무게에 더해진 일상의 무게까지 든든히 받혀주는 좋은 디자인이다.

캔틸레버형 의자

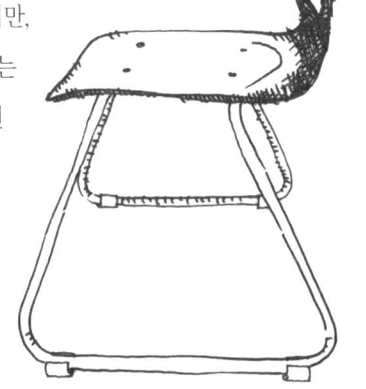

탄성범위 내에서의 변형

건축가의 의자

안재국 작가는 실제 의자와 동일한 부재 크기를 가지고 있으나 구름 위에 떠다니는 듯 깃털 같은 의자를 종이를 이용하여 만들었다. 오신욱 소장은 부재가 세장하지만 역학과 재료의 특징을 잘 활용하여 상식의 범위를 벗어나는 디자인의 의자를 만들었다. 김성수 소장은 스프링의 탄성을 또 다른 일상의 즐거운 행위로 연결한 의자를 만들었다. 최영애 작가는 착시를 이용하여 불안한 듯 안전한 의자를 만들었다.

진례 마스플란터의 벤치 ⓒ글래이크

좋은 건축가 또는 의자 디자이너는 눈에 보이지 않는 힘과 디자인에 대해서 끊임없는 고민을 한다. 구조공학자와 같이 숫자로 표현하지는 못하지만 전체적인 힘의 흐름을 감각적으로 느끼고 즐겁게 디자인으로 표현한다.

중력은 냉혹한 현실이자 환경이고 기능이다. 그래서 '앉다'라는 기능과 함께 '기대다'라는 의자의 기능에서 삶을 느끼고, 건축가는 의자를 만드는지도 모른다.

사람이 아닌 어떤 무생물에도 우리는 '기대다'는 표현을 쓰지 않는다. 좋은 의자를 만드는 것은 옆 사람이 기댈 수 있게 어깨를 내어주는 느낌이라 따뜻하고, 내가 그런 단단함을 가질 수 있어서 기쁜 일이다.

의자 ‥ 가구, 건축, 신성의 장소

문화이론

김민석 쓰다

1.

의자는 존재론의 영역이면서 동시에 예술의 영역이었다. 가구의 비유는 플라톤이 자주 사용했던 비유였다. 특히 침대가 그러한 비유에 등장했는데, 이데아의 모방으로서 침대와 그것을 다시 모방한 회화 사이의 관계를 설명하는 데 활용되었다. 존재론적 사유나 미학적 사유가 침대와 같은 가구의 비유를 통해서 이루어지고 있다는 것은 플라톤이 폴리스(polis)에서 아카데미를 열고 자신의 스승이나 동료 제자들과 대화할 때 가구가 늘 곁에 있었다는 것을 암시해준다. 확실하게 오늘날과 같은 '의자'나 '책상' 그리고 '식탁'이 사용되었다고 할 수 있는지는 의문의 여지가 없는 것은 아니지만, 대체로 그러한 조건이 갖추어졌다고 가정할 수 있다면, 이러한 가구들은 단순히 기술이나 농담처럼 유행하는 '과학'이 아니라 폴리스에서 시민들의 삶을 떠받치는 조건이었다고 해도 무리가 아니다.

물론 침대가 의자보다 훨씬 더 근본적인 가구였을 가능성을 배제할 수는 없다. 하지만 우선 저장용 가구나 인마살상용 무기(도구)들의 형성에 비해 인간 신체를 지탱하는 가구의 형성이 침대나 의자에 비해 더 빨랐을 것이라는 것을 먼저 지적해두자. 인간 신체의 보존은 외부로부터 자신의 신체를 보호하고 생명의 지속 가능성을 허용할 수 있는 안전이 허락되어야만 이루어질 수 있는 가구라고 할 수 있을 것이다. 의자는 어떤 기능적 형식으로부터 완전히 벗어나 순수하게 인간을 존재론적으로 떠받칠 수 있는 조건이 형성되었을 때 만들어진 가구였을 가능성이 높다. 거기에는 인간들 군집 내부에 사회나 집단이 조직되고 그 속에서 인간들 사이의 관계가

계층화되거나 위계화된다는 것을 암시해준다. 의자에 앉을 수 있는 인간과 그럴 수 없는 인간들이 분할된다고나 할까?

한편으로 인간 사회에서 권위에 대한 복종과 같은 형식 그리고 성스러운 존재와의 계약과 같은 문제들이 발생했다는 것을 뜻한다. 가령, 불교에서 부처는 '(연)좌대'에 앉아 광배를 뒤에 배치하고 있는 모습으로 나타난다. 연좌대에 앉을 수 있는 존재는 성스러운 존재이고 그 성스러운 존재가 사바세계를 정화하고 시중들을 고해의 바다로부터 건져 올릴 수 있게 된다. 이는 역설적으로, 진흙탕 속에서도 하얗고 붉게 피어오른 연꽃을 의자로 삼아 서 있거나 앉아 있을 때, 그 존재는 부처가 되고 성스러운 존재가 된다고 할 수 있다. 성스러운 존재가 이미 있다기보다 인간들에겐 그들이 등장하는 연좌대와 같은 의자가 그 존재들을 포현해준다는 것이다. 그러니까, 성스러운 존재들과의 계약은 인간들이 그러한 의자를 만들어내면서 가능해진 것이고, 그 의자를 통해 삶의 구조를 만든 것이다.

의자가 이러한 존재론적 위치로 의미화된 것은 아무래도 침대와 다르기 때문일지 모른다. 침대가 쉼, 휴식, 죽음과 같은 이미지의 계열과 연관되어 있다면, 의자는 노동, 생명, 활력과 같은 이미지와 연관되어 있다는 것이다. 달리 말해, 의자는 존재가 존재로 살아갈 수 있는 조건을 뜻할 것이다. 여기에는 존재의 가능성을 담보하는 의자뿐만 아니라, 그것을 통제하고 통치하고 규율화하려는 의자 역시 함축되어 있음을 눈치챌 수 있다. 의자는 폴리스에서의 삶의 가능성이자 의자 자체가 일종의 폴리스(police)라는 것이다. 존재의 가능성이자, 권위의 표지이지만 동시에 의자 주위에 살고 있는 사람들의 삶을 통치하는 치안으로 이용된다는 사실을 놓칠 수 없다. 즉 의자가 기왕의 세계나 시스템의 안정성을 강조하는 '호헌'과 기껏해야 '입헌', 즉 질서의 '보호'나 '수정'에 그칠 수도 있음을 기억해야 하는 것이다.

2.

의자를 정태적인 것으로 만들지 않는 '의자'도 없지 않다. 혁명적 의자라고 할까? 그러니까, 이른 바 '제헌'으로서 의자가 있다. 의자를 차서 부러뜨려 다른 의자로 만들거나 기존의 의자와 닮은 구석이라곤 없는 전혀 다른 의자를 만들 수도 있다는 것이다. 혹은 새로 출현하거나 등장하는 세대를 위해 의자를 정초할 수도 있다. 역사적 조건 아래에서 이러한 낯선 의자들 역시 출현해왔고 그 의자들이 이 세계에 긴장을 부여하고 삶의 진전을 이끌어왔다고 해도 과언이 아니다. 일테면, 외국인노동자를 위한 '의자'를 갖지 못했던 한국사회에 그들의 의자를 마련하려는 다양한 노력들도 그러한 방식 가운데 하나일 수 있다. 전혀 만들 생각도 하지 못했던 의자의 형성은 기존의 세계의 질서를 뒤흔들고 체제를 유지하게 하던 에너지 혹은 법을 위태롭게 만들며 새로운 의자가 일으키는 파문들로 변형하도록 만든다.

지금 어드메쯤

아침을 몰고 오는 분이 계시옵니다.

그분을 위하여

묶은 의자를 비워 드리지요.

지금 어드메쯤

아침을 몰고 오는 어린 분이 계시옵니다.

그분을 위하여

묶은 의자를 비워 드리겠어요.

먼 옛날 어느 분이

내게 물려 주듯이

지금 어드메쯤

아침을 몰고 오는 어린 분이 계시옵니다.

그분을 위하여

묶은 의자를 비워 드리겠읍니다.

―조병화,「의자7」전문,『시간의 숙소를 더듬어서』, 양지사, 1964.

시인이 의자를 비워주겠다고 했지만, 사태는 그리 간단하지 않다. 청년담론이 세대론으로 휘말려 들어가, 늙음이나 나이듦을 부정적인 이미지로 활용하는 바람에, 관계를 이루지 못하고 단절만이 강요되었다는 것을 기억해볼 필요가 있다. 한편으로 시인이 자리를 비워준다는 것은 자신의 자리의 불변성에 대한 인식이기도 하고 동시에 새로운 세대가 기왕의 세계의 변형이나 이탈보다는 그 세계의 지속(영원성)을 도모하는 보수적인 속성을 띠고 있음을 알 수 있다. 자리는 비워줄 수 있으나, 그 자리 자체는 유지될 것이라는 점에서 말이다.

극장에 사무실에 학교에 어디에 어디에 있는 의자란 의자는
모두 네 발 달린 짐승이다 얼굴은 없고 아가리에 발만 달린 의자는
흉측한 짐승이다 어둠에 몸을 숨길 줄 아는 감각과
햇빛을 두려워하지도 않는 용맹을 지니고 온종일을
숨소리도 내지 않고 먹이가 앉기만을 기다리는
의자는 필시 맹수의 조건을 두루 갖춘 네 발 달린 짐승이다
이 짐승에게는 권태도 없고 죽음도 없다 아니 죽음은 있다
안락한 죽음 편안한 죽음만 있다
먹이들은 자신들의 엉덩이가 깨물린 줄도 모르고
편안히 앉았다가 툭툭 엉덩이를 털고 일어서려 한다
그러나 한 번 붙잡은 먹이는 좀체 놓아주려 하지 않는 근성을 먹이들은
잘 모른다.
이빨자국이 아무리 선명해도 살이 짓이겨져도 알 수 없다
이 짐승은 혼자 있다고 해서 절대로 외로워하는 법도 없다
떼를 지어 있어도 절대 떠들지 않는다 오직 먹이가 앉기만을 기다린다
그리곤 편안히 마비된다 서서히 안락사 한다
제발 앉아 달라고 제발 혼자 앉아 달라고 호소하지도 않는 의자는
누구보다 안락한 죽음만을 사랑하는 네 발 달린 짐승이다
―김성용, 「의자」 전문, 2000년 매일신문 신춘문예 당선작

한편, 전혀 예상치 못했지만, 의자의 공격도 예상할 수 있다. 의자라는 짐승의 공격. 몸을 체제의 무력 속에 '무기력'하게 젖어들게 하는 공격이 있을 수도 있다는 것. 달콤하지만, 이빨을 감추지 않는 의자. 편안하면 할수록 신체의 무기력이 증진되는 의자. 입으로서 의자. 의자에 앉아 사람들이 말하는 게 아니라 사람을 집어 삼킴으로써, 의자라는 입이 말하는 사태. 커피숍에서 사람들이 말하는 게 아니라, 의자가 말한다고 해야 더 적합한 상황을 상기해보면 당연한 일일 것이다. 우리는 언제든 이야기할 수 있다

고 착각하지만, 언제나 늘 말을 자유롭게 할 수 없으며 어떤 상황에 따라서만 이야기는 흘러나올 수 있다. 그 상황 혹은 배치란 바로 의자인 것이다. 그러므로 의자가 이야기를 하는 것이지, 우리의 입이 자유롭게 말할 수 있는 게 아닌 셈이다.

    병원에 갈 채비를 하며
    어머니께서
    한 소식 던지신다

    허리가 아프니까
    세상이 다 의자로 보여야
    꽃도 열매도, 그게 다
    의자에 앉아 있는 것이여

    주말엔
    아버지 산소 좀 다녀와라
    그래도 큰애 네가
    아버지한테는 좋은 의자 아녔냐

    이따가 침 맞고 와서는
    참외밭에 지푸라기도 깔고
    호박에 똬리도 받쳐야겠다
    그것도 식군데 의자를 내줘야지

    싸우지 말고 살아라
    결혼하고 애 낳고 사는 게 별거냐
    그늘 좋고 풍경 좋은 데다가

의자 몇 개 내놓는 거야
—이정록, 「의자」, 『의자』, 문학과지성사, 2006.

그야말로 새로 탄생한 생명인 호박에게 의자를 내주어야 한다는 어머니의 지혜를 담담하게 받아쓰고 있는 이 시는 의자에 앉는 것보다 더 중요한 게 서로의 의자가 되는 삶이라는 윤리적 태도로 여긴다는 사실이다. 의자에 앉는 것만을 초점화하는 것보다 서로의 의자가 되는 것으로 시선을 돌려놓음으로써, 의자가 갖는 권위와 통치와 같은 지배의 문제 그리고 예속화나 노예화의 문제를 벗어나 인간들이 공동체가 지탱되기 위해선 서로의 삶의 의자가 되는 윤리적 선택지야말로 핵심적이라는 것을 알려준다. '너'가 앉을 만한 의자가 되는 일은 얼마나 많은 역량을 내재적으로 구축해야만 하는 것일까? 너의 배고픔이나 고통, 상처를 보듬는 의자가 '되기' 위해선, '나'는 단순히 월급을 벌어오거나 학원비나 선물비용만을 가지고 있는 사람이 되어선 안 되고 예술가가 되어야만 가능하다는 것만 지적해두자.

3.

한국사회에서 의자는 사실 평안하게 쉴 수 있는 장소가 되었던 적이 별로 없다. 언제나 힘겨운 싸움이 벌어졌던 장소가 의자였다. 국가와 시민, 지배와 불복종의 전선이 펼쳐지는 장소가 바로 의자였다고 할 수 있다. 그 위에서 펼쳐진 다양한 드라마는 다양한 방식으로 이루어진 고문, 자술서 그리고 상처받고 치욕을 경험한 신체들이 주연이었다. 그 드라마가 반드시 일방적으로 이루어지는 평면적인 드라마였던 것은 아니었다 (그러나 이 장소를 그저 드라마로 표현해도 되는 것인지 혹은 옳은지는 자신이 없다). 고문의 순간을 모두 기억해낸 80년대의 저 놀라운 정치적 거인 김근태의 책은 바로 그 장소에서 탄생한 책이라고 할 수 있다. 남영동의 대공분실에서의 이근안의 고문과 그것을 온몸을 버티고 쓰러졌지만, 문자로 기록하기를 두려워하지 않았던 그에게 그 당시의 의자는 공포를 지워져야 할 게 아니었고 증명하고 논증해서 부셔야만 할 의자였다고 할 수 있다.

남영동 대공분실의 건축을 담당한 사람이 김수근이었다는 것을 주목해야 한다. 사실 남영동 대공분실은 김수근의 그 어떤 건축물보다 기능적인 차원에서 완벽한 형태를 조성해냈다는 평을 받는다. 김근태가 이러한 건축적 구조 속에서도, 그것이 요구하는 방식과 방향대로 일시적으로 받아들일 수밖에 없다고 할지라도 신체와 영혼을 모두 압도하는 치욕을 뚫고 그것을 뒤집어 엎어버리는 의자를 구축했다는 점에서, 김수근은 김근태에게 패배한 건축가이자 의자 제작자로 남을 뿐이다. 건축의 의지를 비틀고 뒤틀었다고 해야 할까? 1980년대의 군부통치의 건축술의 정점이었을 그 장소에서 전혀 예상치 못한 의자를 조성함으로써, 지배적 세력의 권력 자체를 위기에 빠뜨린 김근태의 의자는 그 어떤 의자보다도 중요한 의자일 것이다. 저 의자는 어디에 계승되었는가? 혹 버려진 것은 아닌가?

고문은 수용소 체제에서나 가능한 신체와 영혼의 약탈술이다. 수용소가 아니라면, 그것은 식민지 체제일 것이다. 관타나모 수용소에서 아랍인(혹은 이슬람 교도)들이 당했던 고문이 2차 세계대전 유태인 수용소를 떠올리게 하지 않았지만, 실은 거기서 벌어진 각종 유머러스한 것으로 포장된 고문들은 유태인 수용소에서의 그것을 환기시킨다. 수치나 치욕 자체까지 지워버렸던 수용소의 경험이 관타나모 수용소에서 이루어진 일에 비해 훨씬 혹독했다고 해도, 고문은 인간이 놓여 있던 위치를 부정하게 만들고 오직 '생명'을 가진 존재로서만 살아있도록 배치할 따름이다. 그저 살아만 있는 상태로서 인간. 아우슈비츠에선 이런 존재들을 놀랍게도 '이슬람 교도'라고 불렀다고 전해진다. 삶의 의지가 완전히 사라진 생명유지 장치만을 가진 존재들 말이다.

김근태와 같은 존재들이 아니라면, 고문 의자 위에선 그저 생명유지 장치에 지나지 않게 된다, 적어도 우리는 말이다. 그 어떤 자신감이나 의지도 그 위에선 제대로 유지되기 어렵다. 현대사회의 가장 활성화된 심리적 병증 가운데 하나가 '약물을 통한 활력' 그리고 그 반대편에 '무기력'이라고 함께 있는 상황이라고 가정해보자. 두 가지 심리적 형식 가운데 '무기력'이 근본적인 상태일 수밖에 없는데, 약물을 통한 활력 증진은 기본적으로 일상적 삶이 무기력으로 배치되어 있다는 것을 알려주기 때문이다. 이러한 원인들은 다층적이고 복합적이다. 다만, 현대적 조건이 무기력을 강조하고 있다는 점에서, 현대사회의 성격이 수용소와 매우 유사하다는 것은 분명해 보인다. 최인석의 소설 「스페인난민수용소」(≪현대문학≫, 2008 여름)는 수용소 체제로 변해버린 현대사회를 그리고 있기도 하다.

물론 수용소 체제가 과장된 것이라고 할 수도 있다. 하지만 무기력이 일상적이라면, 우리는 수용소 체제에서의 삶에 근접해 있는지 모른다. 우리의 삶은 매일을 고문으로 시작하고 끝내고 의자 위에 있는 것이다. 이러한 고문이 지속되거나 가속화하거나 훨씬 부드러운 방식으로 이루어지고 있다면, 의자 위에 앉아 있는 사람들이 어느 순간 사라져도 우리는 그 사라짐을 거의 지각하지 못하고 망각하고 말 것이다. 그것은 얼마나 무서운 망각일 것인가. 그렇지만 그 순간을 포착하는 일은 여전히 가능하다. 혹은 그 상실과 사라짐을 포기하지 않고 드러내려는 노력들이 있어왔다. 역사적으로 아주 오랜 시간 동안 그러한 부재를 현존하기 위해 수많은 비용을 지불해왔다. 최소한 서양의 미술사에서는 부재를 현존하도록 노력해왔던 것을 확인할 수 있다. 의자에 앉은, 그러나 숱하게 사라진 불멸의 존재들을 보라.

4.

이진이의 작업에서 의자와 같은 가구는 매우 중요한 회화적 오브제로 등장한다. 그녀가 의자를 포착할 때, 의자 위엔 활동적 존재가 그려지지 않

이진이 / 혼자 있는 오후
58.0x162.2cm _ Oil on Canvas _ 2007

는다. 혹은 이진이의 의자에는 활동의 흔적이나 순간이 드러나긴 하지만, 의자 위에는 대체로 어떤 존재가 상실되어 있으며 어떤 존재가 있다고 해도, 그 존재는 피로에 젖어 있거나 잠들어 있거나 잠들기 직전인 인물로 나타난다. 이진이의 의자 위에는 조금 전까지만 해도 있었을 법하지만, 이제는 더 이상 만날 수 없게 되어버린 존재가 의자 위에 있다고 할 수 있다. 이진이의 의자는 부재를 그러한 상실을 통해서, 존재를 증명하는 가구인 것처럼 의자를 포착하고 있는 것이다. 마치 영화 〈4인용 식탁〉(이수연, 2003)에서 가족이라는 완전성이 4인용 식탁의 의자에 앉아야 할 사람들이 규정되어 있는 것처럼, 결핍들이 야말로 존재를 보장하는 것이라고 말하는 듯하다.

그러나 이진이에게 중요한 것은 결핍이 아니라, 상실된 존재들이 완전히 상실되기 전에 그 존재를 흔적으로 포착하여 부재로 현존하게 만든다는 사실이다. 상실에 맞서는 것으로써 빈 의자를 이진이는 회화적으로 발명해낸다. 의자 위에는 아무 것도 없지만, 아무것도 남아 있지 않다는 바로 그 사실이, 명확한 실체로 어떤 존재들을 불러오지는 못하지만, 그 위에 어느 누구라도 앉을 수 있도록 만든다는 점에서 평등의 의자를 조성하고 있다는 것이다. 현재의 시공간 위에 과거와 미래를 동시적으로 녹여내는 이진이의 의자는 특정한 존재들만이 거주할 수 있다고 묘사하지 않는다. 기본적으로 의자가 불평등과 규율의 원리인데 반해, 이진이가 제작하려는 의자는 유령과 같은 존재들을 지속적으로 환기함으로써 역설적으로 평등한 존재론적인 조건을 형성한다고 할 수 있다.

영원히 비어 있음으로써 완성되는 존재론적 평등성의 원칙. 바로 이러한 이미지적 규칙이 존재의 불명성을 의미할 것이다. 가령, 우리는 2014년 4월 16일 바다에서 삽시간에 사라진 아이들을 기억하고 있다. 이 부재를 절대적인 상실로 치환하지 못하는 것은 그 아이들이 앉아 있는 의자를 우리 사회가 완전히 없애지 못하는 탓이다. 아니, 그것을 없앨 수 없는 탓이다. 누구에게나 부재하지만 지속적으로 되돌아오는 아이들의 자리들을 마음에 장착할 수밖에 없게 되었고, 우리는 이제 돌아오라고 외칠 수밖에 없게 된 것인지 모른다. 그 빈 의자들을 통해서, 우리의 존재는 부족하게 되었고 그 의자에 아이들을 앉힐 수 있을 때에야만, 우리는 충족될 수 있게 된다. 그러므로 우리는 충족되지 않으므로, 우리가 우리로 살기 위해선, 영원히 아이들을 불러, 그네들이 앉도록 해야만 한다.

이러한 윤리적 의자가 우리 사회에 도착해 있다는 것은 의미심장하다. 수용소 속에서 너의 죽음을 목도하면서, 이를 외면할 수 없으며 빈 의자를 없애지 않고 끊임없이 부재와 더불어 살 수밖에 없음을 뜻하기 때문이다.

이진이 / 일요일 아침 162.2x112.1cm _ oil on canvas _ 2009

이진이 / 발렌타인데이
50x60cm _ Oil on Canvas _ 2008

그러니까, 아이러니하게도 우리가 살아가기 위해서라도, 윤리적인 의자를 마련하지 않을 수 없게 되었다는 뜻이다. 아니, 사실 우리의 몸과 마음속엔 그러한 신성한 의자가 이미 갖추어져 있는 것은 아닐까? 이미 삼백여섯 개의 의자가 갖추어져 있는 데도, 짐짓 없는 척, 근근이 외면하고 있는 시늉을 하고 있는 것 아닐까? 그냥 아이들의 의자를 갖추고 있다는 게 어쩐지 겸연쩍어 교통사고에 지나지 않는다고 흉물스럽게 그네들을 부정하지만, 아이들의 빈 의자가 너무 많아 그 따위 소리나 하고 있을 뿐인 것 아닐까?

아, 이제 그런 혐오나 증오는 그만 두고 너를 의자에 앉도록 하고 함께 이야기를 나누자. 맛난 것을 나누어 먹자. 손을 맞잡자.

의자의 조건

공공디자인

이흥주 쓰무

특정 위인을 기리는 기념관을 가보면, 위인이 살아 생전 사용했던 의자가 필수 아이템인양 전시되어 있는 것을 볼 수 있다. 일본 가가와香川현 〈조지 나카시마 기념관〉에는 일왕이 잠시 스치듯 앉았던 의자조차 버젓이 전시되어 있다. 경북 안동 하회마을의 〈엘리자베스 여왕 기념관〉에도 엘리자베스 여왕이 경북 안동 하회마을을 찾았을 때, 잠시 앉았던 의자가 전시되어 있다. 그 뿐이 아니다. 스칸디나비아 가구의 거장 핀 율이 디자인한 의자 '치프테인Chieftain'은 프레데릭 9세(덴마크 왕)가 전시장에서 잠시 앉았다는 이유로 유명해지기까지 했다.

잠시 스치듯 앉았던 의자조차 이렇게 의미부여를 하는 이유가 뭘까. 의자는 과거도 그랬지만, 현재에도 자신의 신분이나 정체성, 가치관, 특별한 미적 감성을 드러내기 용이한 상징물이라는 것이다. 패션과 마찬가지로 내가 속한 위치, '나 이런 사람이야'라는 걸 알리는 중요한 역할을 해 왔다. 홈 인테리어 잡지에 소개되는 '감각 있음'을 알리는 공간엔 하나같이 20세기를 빛낸 의자 중 하나가, 의도하지 않았다는 듯 '무심히(사실은 연출된)' 놓여져 있는 것도 이와 무관하진 않다.

의자만큼 인간 친화적이면서 개인적 성향이 강한 가구가 또 있을까?
서서 일하는 사람보다 앉아서 일하는 사람이 당뇨와 같은 성인병에 걸릴 확률이 훨씬 높지만, 현대인들은 눈 떠 있는 시간의 대부분을 의자에 앉은 채 보낸다. 사람이 앉아있지 않는 의자는 여백이 주는 아름다움이 있지만, 왠지 허전하고 미완성 같다. 동서고금을 막론하고 수많은 회화 작품 속의 인물들이 의자에 앉은 포즈를 취하고 있고, 침대가 아니라 의자에 앉은 채 쓸쓸히 숨을 거두는 영화의 한 장면이 어색해 보이지 않는 것도, 의자와 인간은 뗄 수 없는 관계라는 것을 상징한다.

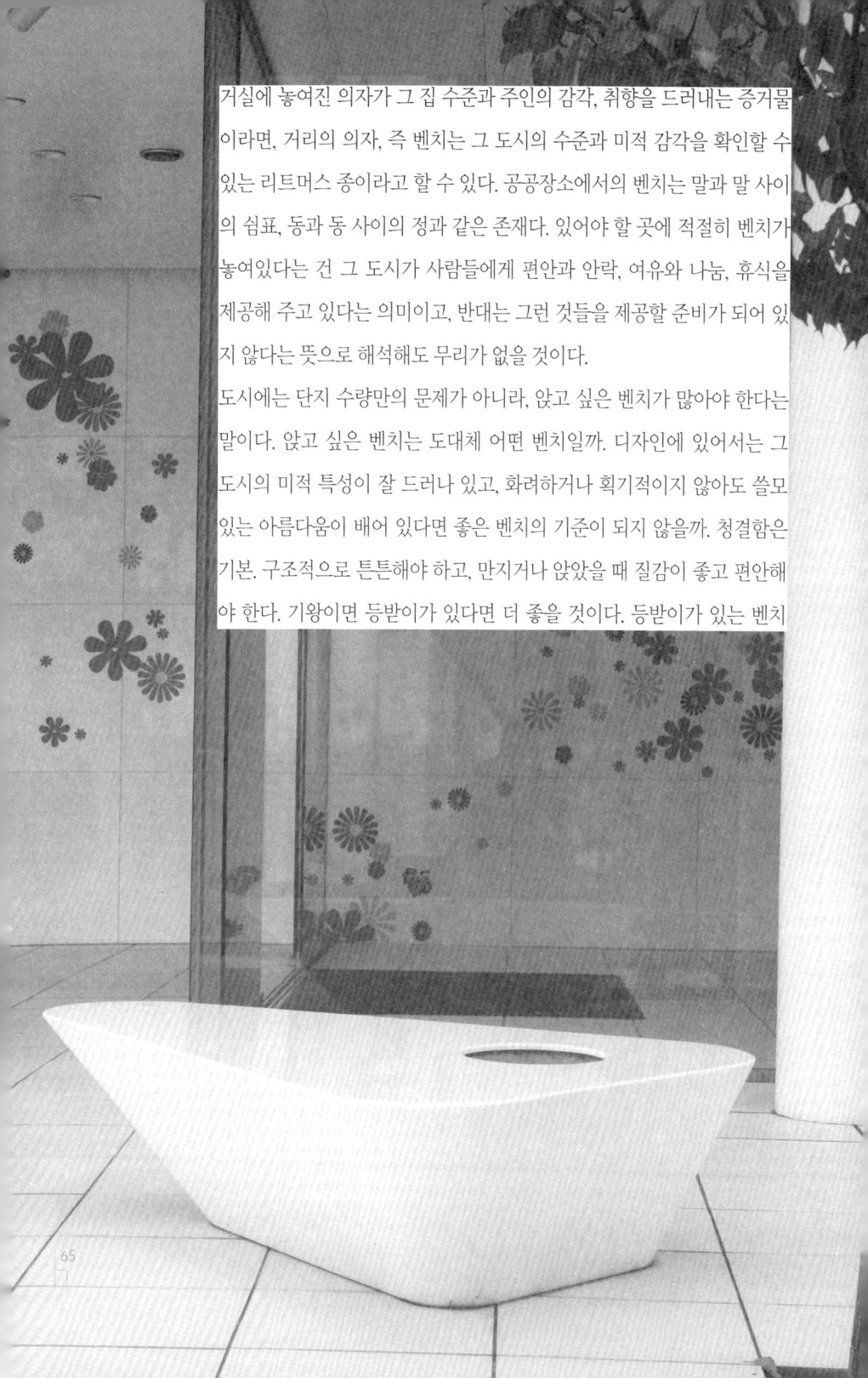

거실에 놓여진 의자가 그 집 수준과 주인의 감각, 취향을 드러내는 증거물이라면, 거리의 의자, 즉 벤치는 그 도시의 수준과 미적 감각을 확인할 수 있는 리트머스 종이라고 할 수 있다. 공공장소에서의 벤치는 말과 말 사이의 쉼표, 동과 동 사이의 정과 같은 존재다. 있어야 할 곳에 적절히 벤치가 놓여있다는 건 그 도시가 사람들에게 편안과 안락, 여유와 나눔, 휴식을 제공해 주고 있다는 의미이고, 반대는 그런 것들을 제공할 준비가 되어 있지 않다는 뜻으로 해석해도 무리가 없을 것이다.

도시에는 단지 수량만의 문제가 아니라, 앉고 싶은 벤치가 많아야 한다는 말이다. 앉고 싶은 벤치는 도대체 어떤 벤치일까. 디자인에 있어서는 그 도시의 미적 특성이 잘 드러나 있고, 화려하거나 획기적이지 않아도 쓸모 있는 아름다움이 배어 있다면 좋은 벤치의 기준이 되지 않을까. 청결함은 기본. 구조적으로 튼튼해야 하고, 만지거나 앉았을 때 질감이 좋고 편안해야 한다. 기왕이면 등받이가 있다면 더 좋을 것이다. 등받이가 있는 벤치

는 심리적 안정감을 준다. 조망권도 중요하다. 사람들은 주위를 살펴볼 수 있는 위치를 본능적으로 선호한다. 진화와 사회심리학적 관점에서 인간의 본성을 파헤친 책 〈오래된 연장통〉에서는, 카페의 창가 혹은 구석 테이블부터 자리가 채워지는 이유를, 외부의 공격을 재빨리 알아챌 수 있고(조망), 이들에게 들키지 않고 몸을 감추기 위해서(피신) 인데, 이는 인간의 오랜 습성이라고 했다. 배산임수의 주택구조를 선호하는 것도 이와 유사한 이유일 것이다.

거리에서 만나는 벤치들은 그 종류만큼이나 와 닿는 느낌 또한 제 각각이다.
귀하게 자란 외동딸처럼 까칠하기 짝이 없는 벤치가 있는가 하면, 엄마 품 같이 푸근하기도 하고, 만난 지 100일도 채 안된 애인같이 설레게도 하며, 바라볼 때와 앉았을 때 전혀 다른, 이중 인격자 같은 벤치도 있다. 하지만 대개는 구태의연한 외형에 실용성 위주로 만들어진, 그게 그거 같은, 지루한 벤치 일색이다. 공공시설물에 굳이 비싼 돈을 투자할 이유가 없다고,

무난한 게 좋다고, 맘대로 생각한 탓이다. 반면 상업공간이나 미술관 따위에 놓여진 벤치들은 우월한 디자인의 세례를 받은 고급스러운 것들 일색이다. 50~60년대 미드 센트리 모던 스타일을 주도했던 찰스 & 레이임스, 스칸디나비안 스타일의 대표주자 아르네 야콥센과 베르너 팬톤, 그리고 현존하는 최고의 디자이너로 꼽는 필립스탁의 벤치들이 아무렇게, 혹은 아무렇지 않게 놓여져 있다(개중엔 짝퉁도 수두룩하다).

의자는 공간의 이미지를 규정짓는 중요한 역할을 한다. 그래서 고급스럽고 유명세를 떨치는 의자들은 상업공간에서 공간의 격을 높이기 위한 컨셉트의 일환으로 즐겨 차용해 왔다. 그러나 유명 브랜드, 혹은 유명 디자이너 의자는 구매능력만 된다면 구비해 놓을 수 있다. 그런 방식이 쉽게 공간을 돋보이게 할지는 모르겠지만, 차별화된 브랜드 가치, 공간의 이미지를 획득하기란 어려울 수 있다. 그건 자칫 경쟁사의 광고모델을 자사 CF에 중복 출연시키거나, 잘 나간다는 이유로 여기 저기 출연해 식상함을 자초하는 연예인처럼 비쳐 보일 수도 있기 때문이다.

도쿄 시오도메汐留에 있는 광고회사 덴츠電通의 사옥 〈카레타 시오도메 Caretta 汐留〉에는 20세기 디자인사에 한 획을 그었던 최고의 의자 수십 종을 건물 곳곳에 배치해 놓은 것을 볼 수 있다.

안내 리플릿에는 의자 이름과 함께 의자가 놓여진 위치를 표기해 놓는 것도 잊지 않았다. 숨은 그림 찾듯 의자를 찾아 다니며 앉아보는 재미를 제공하려는 의도였다. 일본 최고의 광고회사다운 모습이었고, 건물 구석 구

석을 자연스럽게 보여주는 최적화된 조합처럼 보였다. 하지만 거기까지였다. 안타깝게도, 언제부턴가 관리 소홀로 많은 의자들이 온데 간데 없었다. 그대로 방치해 놓는 건 일본 최고의 광고 회사다운 모습이 '아니올시다'다. 벤치마킹을 한 것일까. 얼마 전 오픈한 서울 동대문디자인플라자DDP에도 유명 디자이너의 의자들이 건물 곳곳에 쫙 깔려있었다. 자그마치 487점이나. DDP 설계자인 자하 하디드가 디자인한 의자는 물론, 핀란드의 살아 있는 거장 이에로 아르니오, 루이스 캠벨과 같은, 난다 긴다 하는 디자이너의 의자들이 순백색 DDP 컬러에 맞춰 순백색 외피를 입고 DDP를 반짝반짝 빛내고 있었다. 방정맞은 소리로 들리지 모르겠지만, 아무쪼록 일본 덴츠 사옥처럼 처음의 의도가 빛 바래지 않기를 바랄 뿐이다.

의자나 벤치는 세계적으로 이름난 아티스트나 디자이너, 건축가 등을 참여시킨 공공미술프로젝트 아이템으로 즐겨 차용되어 왔다. 그들의 네임파워 덕에 쉽게 관심을 유발할 수 있는 장점 때문이다.

일본 도쿄 롯폰기힐즈六本木ヒルズ의 언덕길, 케야키자카けやき坂를 대표적 성공사례로 꼽을 수 있다. 많은 공간들이 이곳을 차용했다. 그곳에서는 어디에도 없는 단 하나의 벤치들을 만나볼 수 있는데, '버라이어티한' 벤치 10개가 언덕길 양 옆으로 50~100m 정도의 간격을 두고 펼쳐져 있다. 벤치의 미덕이라고 할 수 있는 편안함이나 실용성 따윈 접어두고 '재미와 의미'만 챙겨 들고 나온 듯 하나하나가 독창적이고 실험적이다. 창조적 습관이 몸에 밴 사람들은 형식이나 재료에 제약을 받지 않는다는 것을 증명하듯 기발한 형상과 다양한 소재로 맛깔스럽게 부려놓았다. 자고로 '벤치는 이러해야 한다'는 매너리즘을 깬다. 아니 벤치라기보다 벤치의 기능을 가진 조형물이라는 표현이 더 어울린다. 벤치를 거실처럼 꾸며놓거나(에토레 소사스 작), 하늘거리는 마루운동의 리본처럼 표현(우치다 시게루 작)하는 등 사물을 보는 새로운 방식, 세상에 반응하는 새로운 방식을 제시해준다. 일러스트레이터 카츠히코 히비노日比野克彦의 벤치 이름은 한 편의 하이쿠다. '이 커다란 돌은 어디에서 온 것일까? 이 강은 어디로 흘러가는 것일까? 나는 어디로 가는 것일까?'

벤치 제작 프로젝트에 참여한 진용을 보자면 론 아라드(Ron Arad, 디자이너), 에토레 소사스(Ettore Sottsass, 디자이너), 카림 라시드(Karim Rashid, 디자이너), 토요 이토(伊東豊雄, 건축가), 우치다 시게루(内田繁, 건축가이자 디자이너) 등 이름만 대면 알만한 쟁쟁한 이들로 채워졌다. 이 정도 캐스팅이면 뭘 만들어도 구경꾼들을 끌어 모을 수 있을 조건이다. 아마도 그들은 벤치를 만드는 내내 굉장히 즐겁고 신나는 시간이 되었을 것 같다. 하지만 벤치가 생각이 많고 심오하니 앉기 부담스러운 것도 사실이다. 파격적인 디자인에는 그에 상응하는 위험이 뒤따르는데, 쉽게 질린다는 단점 또한 도사리고 있었다. 그렇다고 해도 케야키자카의 벤치 프로젝트는 그저 그런 프로젝트를 넘어선다. 무엇보다 롯폰기힐즈가 창의적이고 예술적 공간이라는, 긍정적 '시그널링 효과signaling effect'를 얻는데 큰 영향력을 끼친 건 부정하기 어렵다.

거리의 벤치는 공영TV방송처럼 조금 보수적일 필요가 있다.

디자인 과잉으로 기능을 떨어뜨리는 의자들을 종종 볼 수 있는데, 당장 스타일리시해 보일지 모르지만 몇 년 지나면 부서지고, 외면 받는 경우가 부지기수다. 과유불급이라고 했다. 뭐든 그렇듯 기본에 충실할 때 롱런을 해왔다.

개인적으론, 있는 듯 없는 듯 존재하는 의자에 맘이 간다. 홀로 튀지 않고, 주변과 어우러지면서 그저 편안하고 부담 없이 다가오길 바라는 거다. 앉

앉을 때 넉넉하면서 촌스럽지 않은 의자, 난 미니멀리스트는 아니지만, 단순하고 소박하며 어떤 군더더기도 없이 기본에 충실한 의자가 좋다. 대게 단순한 것은 요란한 것보다 나을 때가 많다. 단순한 것은 기특하게도 절제된 베스트 드레서처럼 보이게 한다. 의자 소재로는 우드만한 것을 아직 만나보지 못했다. 플라스틱은 어딘지 부박해 보이고, 대리석이나 철재는 너무 차갑다. 신소재로 만든 의자들도 당장 눈은 가지만 정이 가진 않는다. 우드로 만든 의자는 재료가 가진 그대로의 시간성과 에너지를 머금고 있어 좋고, 오래 묵을수록 정감이 흘러서 좋다. 오랜 시간 햇볕에 노출되어 나무 고유의 색이 빠져버린 희멀건 컬러하며, 얼마나 많은 사람들이 거쳐 갔는지 모서리가 둥글게 닳아 반들반들해진 질감은, 몸과 마음을 탁 내려놓게 한다.

욕심을 부리자면, 스티브 잡스의 거실에 유일하게 놓여져 있었다는 조지 나카시마George Nakashima의 의자처럼, 실용성에다 품격마저 가미된 의자.

스칸디나비아 가구에서 발견되는, 자연의 결이 살아있으면서 서정성이 가미된 의자라면 더 바랄 것도 없겠다. 내가 의자한테 너무 많은 걸 기대하고, 요구하고, 욕심 부리나?

할아버지와 흔들의자

가구디자인
노철민 쓰다

몇 년 전 겨울 사회봉사단체에서 일하고 있는 선배의 권유로 사회소외계층의 집을 고쳐주는 행사에 참여한 적이 있었다. 사실 첨부터 참여를 하고 싶었던 것은 아니었다. 선배와의 술자리에서 술김에 "나도 끼워주소."라고 했던 말을 잊지 않고 기억하고 있던 선배가 몇 달 후 연락을 했던 것이다.

대학에서 가구디자인을 전공했고 지금도 가구디자인을 하며 반목수생활을 하고 있는 나로서는 이것 저것 내 손을 필요로 하는 곳이 많을 것이라 생각했다. 최소한의 필요한 공구를 챙겨서 단체회원들과 함께 새벽부터 움직여서 도착 한 곳은 70대 할아버지의 낡은 집이었다. 전기를 담당하시는 분. 도배를 담당하시는 분 등 각자 맡은 위치에서 분주하게 움직이기 시작했고 나 또한 전공을 살려 씽크대의 떨어진 문짝, 삐걱거리는 방문, 바람이 거침없이 들어오는 낡은 창문을 고치기 시작했다. 한장 두장 쌓여가는 연탄. 곰팡이와 얼룩이 지배했던 벽도 깨끗하게 옷을 갈아입고 전등이 나가 어두웠던 공간들이 다시 환하게 변화하고 있었다.

그때 봉사자들과 할아버지께서 버릴 것 과 다시 사용 할 것을 고르던 중 여기저기 부서지고 낡고 허름한 그리고 때가 낀 그런 흔들의자를 보며 고민하는 것을 보았다. 누가 봐도 더 이상은 앉을 수 없는, 아무것도 아닌 것처럼 보이는 흔들 의자였다. 공간도 작은데 부피만 차지해서 버릴 것을 권하였지만 할아버지는 못내 아쉬운 눈빛으로 의자를 바라보며 깊은 한 숨을 내쉬고 계셨다.

몇 년전 돌아가신 할머니께서 아끼시던 흔들의자였던 것이다. 할머니께선 항상 그 흔들의자에서 차를 드셨다고 한다. 하지만 건강악화로 인해 몸져 누우시고 긴 시간 투병생활로 이어지면서 흔들의자를 바라보기만 하셨단다. 회복하면 꼭 거기에 앉으시길 원하셨던 할머니. 할아버지께서는 그 흔들의자가 할머니와도 같다고, 그리고 할머니와의 추억이라고 생각하셨던 것이다.

흔들의자는 버려지지 않고 그 자리에 두기로 결정을 했다. 하지만 낡고 부서진 의자만큼이나 할아버지도 봉사자들도 마음을 아파했었다. '고칠 수 있을까? 고칠 수 있을까?' 몇 번의 고민 끝에 선배와 내가 고쳐보겠노라 결심을 했었고 모두들 우리에게 꼭 고쳐놔야 한다는 기대의 눈빛을 보냈었다.

흔들의자를 이리저리 살펴보기 시작했다. 여기저기 부서지고 떨어져 나간 흔들의자를 고치는 일은 여간 힘든 일이 아니었다. 떨어져 나간 조각들을 모아서 다시 조립하고 부서진 부분들을 다시 접착을 하고... 하지만 사라진 흔들의자의 여러 부분들은 어떻게 손쓸 방법이 없었다. 그렇다고 여기저기 굴러다니는 나무토막을 이용해 누더기처럼 만들 수도 없었다.

할아버지께선 이것만으로도 감사하다며 인사를 하시지만 우리의 마음은 그렇지가 않았다. 오늘은 힘들겠지만 며칠 시간을 주시면 재료를 준비해서 다음에 다시 찾아뵙겠다고 말씀을 드렸지만 한사코 거절하시는 할아버지. 봉사활동을 마치고 한층 더 깨끗해진 할아버지의 집

을 뒤로하고 즐거운 마음으로 충분히 보람을 느끼고 돌아와야 하지만 마음 한 구석은 여전히 무겁기만 했다.

며칠 후 선배에게 전화가 왔다. 흔들의자를 완성하자고 하신다. 선배도 계속 흔들의자가 마음에 걸렸던 모양이었다. 필요한 재료와 작업하기 편하게 기본 작업을 해둔 재료들을 가지고 다시 할아버지댁을 찾아갔다. 미리 연락을 드린터라 크게 놀라시진 않으셨지만 우릴 보시고는 정말 찾아 올 줄은 몰랐다며 우리가 미안해할 정도로 반겨주셨다.

준비해간 재료와 공구를 이용해 작업을 시작했다. 새의자 처럼은 아니었지만 낡고 부서진 흔들의자는 차츰차츰 원래의 모습으로 되찾아 가고 있었다. 그리고 완성된 흔들의자. 할아버지께 앉아보시라고 했지만 흔들리는 의자를 손으로 어루만지며 눈물만 흘리고 계셨다.

우리주변에 낡고 쓸모없다고 판단되어 버려진 의자들이 공공연히 보인다. 이 의자에 앉았던 사람들은 어떤 사람들일까? 어떤 추억 어떤 의미들을 가지고 있을까? 단지 공간의 채움으로, 꾸밈만으로 여겨졌던 것은 아닐까?

지금도 가끔 의자를 제작하다보면 몇 년 전 할아버지의 흔들의자가 생각난다. 아직도 건강하게 잘 지내시는지, 흔들의자는 그곳에 그대로인지...

의자와 예술가

미술(회화)

방정우 쓰다

언뜻 고흐의 의자가 생각난다. 그의 가난하고 단촐한 삶을 보여주는 살림 중 하나. 마치 수도원 수도사의 방처럼 좁은 방에는 침대와 평범한 의자가 있다. 따로 의자만 그린 그림도 있는데, 모델료를 지불하기 어려웠던 고흐는 자화상을 많이 그렸을 테고 또한 화려한 정물들을 준비할 형편이 안 되어 그저 그의 곁에 늘 함께 한 방안 풍경 속 이것저것을 담았을 거다. 갑자기 오버랩 되는 풍경-작업실 의자를 구하기 위해 한밤중 길거리를 헤매며 찾아다닌 가난했던 나의 20대의 기억이 설핏 떠오른다.

의자는, 좌식문화가 지배적이었던 우리나라에서는 근대까지는 대중적인 가구형태가 아니었다. 마찬가지로 그림세계에서도 화판이 수직으로 세워지며 의자가 필요해지기 전까지는 바닥에 펼쳐진 크고 작은 화폭에서 그 시대의 풍경을 대부분의 예술가가 담았다. 대학시절 대형 걸개그림을 그릴 때 광활하게 펼쳐진 바닥의 천위에서 친구들과 옹기종기 앉아 모자이크 맞추듯 채색하던 기억 또한 이어진다.

아무튼 화가에게서 앉는다는 행위는 서서 작업하는 행위와 구별되는 무엇이 있다. 의자 없이 서서 붓을 들고 팔을 움직이면 그 진폭은 확연히 넓어진다. 그렇게 본다면 의자는 화가에게 있어서는 감정의 지나친 과잉을 막는데 한 몫을 하기도 한다. 조금은 이성적인 시선과 태도로 유지할 조절장치라고나 할까.

하지만 한편으로 화면이 커질수록 순간에 이루어야 할 극적인 긴장감과 통일감을 줄 어떤 필치를 의자에 앉은 채 실현하기는 좀 어려운 것 같다. 그러니까 화가는 의자를 너무 의지해서도 또 너무 외면해서도 안 되는 것이다. 마치 우리 사람관계와 닮아있다. 적절히 밀고 당겨야 한다.

화가가 쓰는 메인 의자는 붓이나 물감만큼이나 중요하다. 장시간의 작업에 따른 신체활동의 부담을 줄여주고, 화면과의 적절한 거리를 자유롭게 조절하는 의자라면 더 좋을 것이다.

그렇게 본다면 의자는 나에게도 무척 중요한 작업 도구이다. 시간차가 있는 물감들이 획획 묻어있는 나의 의자. 난로 옆에서 잠시 졸다가 녹아 쪼그라진 옆 귀퉁이가 약간은 귀여운 나의 의자이다. 짝이 맞지 않는 의자들이 모여 있는 내 작업실에 손님이 여럿 오기라도 하면 색깔·모양 제각각인 의자들이 이 구석 저 구석에서 튀어나온다.

파렛트 받침이 되었다가 라면 점심 식탁이 되었다가 형광등 갈아 끼울 때 발 딛고 오를 요긴한 도구가 된다. 그리고 무엇보다 캔바스를 바닥에서 띄운 채 바탕칠을 할 때 몇 개의 의자가 수시로 동원된다.

작업을 마치고 불을 끄고 나올 때는 어둠 속 작업실 안에서 90도 수직으로 앉아있는 의자들의 실루엣에 놀라기도 하는데, 마치 앉아 있는 사람들

방정아의 의자

처럼 그 존재감이 느껴진 까닭이다. 어둠 속에서 마치 내 그림들을 가지고 서로 토론이라도 벌일 것처럼 어깨 딱 올리고 자리 잡고 있다.

나무 의자의 등받이가 부서져 등받이를 톱으로 잘라 스툴로 만든 적이 있다. 잘려진 단면과 함께 알 수 없는 저항이 느껴졌다. 그 느낌이 부담 된 나는 그 의자를 슬며시 구석진 작품 수장고 쪽으로 옮겨 놓았다. 한번 씩 우연히 그 의자와 마주칠 때마다 얼른 외면해 버리지만 언젠가는 단면의 아우성에 어떤 답을 해야 할 것 같다.

존재감 느껴지는 물성, 조각작품에서는, 특히 테라코타처럼 흙의 느낌이 살아있는 입체물에서는 평면작품에서는 느낄 수 없는 무엇- 어떤 공기와 숨결이 흐른다. 난 그것을 의자에서도 느낀다.

앉을 수 있는 것들에 관한 이야기

미술(설치)

김덕홍 쓰다

세상에는 많은 종류의 앉을 것들이 있다. 의자라 부르기도 하고, 걸상, 소파, 좌석 혹은 본래의 용도와 다른 수많은 종류의 앉을 것들이 있다. 나는 지금 그 앉을 수 있는 것들에 대한 작은 기억의 파편들을 모아보려 한다.

아마 앉을 것에 관련된 나의 최초의 사진일 것이다. 왜 그런지 모르지만, 이 시절에는 항상 의자에 아이를 세워놓고 돌사진 찍는 것이 유행이었나 보다. 점점 커가면서 의자는 하나의 놀이 기구였다. 올라타기도 하고, 점프하기도 하며, 혹은 등받이를 잡고 앉은 채 우주 비행선을 모는 상상을 하던. [001]

[001-1975, 김덕홍 첫돌기념 사진, 촬영자 미상]

그림을 배우던 당시 등받이가 없는 의자는 선택이 아닌 필수였다. 왜냐하면, 어떠한 사물을 관찰하기 위해 일정한 시점이 필요한데, 등받이는 그러한 시점선택에 방해되기 때문이다. 지금도 정물 사생을 연습하는 이에게는 이런 의자가 필수인가 보다. [002]

[002-2010, 마키오에 있는 한 아틀리에]

요즘은 보기 드물지만 야외에서 풍경을 그릴 때, 작은 간이의자는 아주 훌륭한 친구다. 이때는 작은 등받이가 있는 것이 유용하다. 아무래도 정물화처럼 정교한 사생이 아닌, 대략적 풍경을 묘사하기 때문이다. [003]

[003-2014, 일본 요코하마의 한 거리]

가벼운 플라스틱 의자는 오염이 되어도 불편하지 않으며 또한 긴 시간을 같은 자세로 보내야 하는 모델에게도 실용적이다. 그래서 스튜디오에는 이런 플라스틱 의자와 등받이가 없는 의자가 항상 있다. [004]

가끔 의자는 앉는 용도 외에 다른 용도로도 쓰이기도 한다. 문이 닫히지 않게 괴어 놓거나 [005], 혹은 무선인터넷을 훔쳐쓸 때 최적의 각도를 맞출 때 쓰기도 한다. [006] 물론 옷가지를 널부러 놓거나 빨래를 말릴 때도 아주 유용하다. [007]

[004-2008, 캐나다 콩코르디아 대학 볼링 스튜디오에서 모델이 오른쪽 파내는 장면]

[005-2013, 부산 생각단방 입구]

[006-2014, 부산 비오쿠 레지던스 작업실]

[007-2010 마카오의 한 아파트]

[008-2012, 홍콩을 점령하라(occupy HK), 홍콩 은행로비]

몇몇 앉을 수 있는 것들이 모이면 금방 상황본부가 꾸려진 듯 보이고, 뭔가 일이 진행되는 느낌이 들기도 한다. [008]
계단은 오랜 걸음을 한 이에게 숨을 돌릴 수 있는 훌륭한 벤치이기도 하며[009], 때로는 의자가 사람에게서 벗어나 나름의 긴 휴식을 하기도 한다.[010]

[009-2014, 부산 대청동의 어느 골목]

[010-2009, 캐나다 몬트리올의 한 개인정원]

[011-2010, 김대홍 설치작품의 일부]

가끔은 작품의 소품으로 쓰기도 하고[011], 어떤 예술가는 그 흔한 낚시 의자로 소름 끼치는 퍼포먼스를 만들어 내기도 한다. [012]
또 어떤 앉을 것들은 그 사회를 간접적으로 말해주기도 한다. 평소에 접혀 있어 자전거나 휠체어를 탄 사람도 편리하게 이용할 수 있게하거나[013], 조그마한 파이프로 짐 든 이의 무게를 덜어준다든지 말이다. [014]

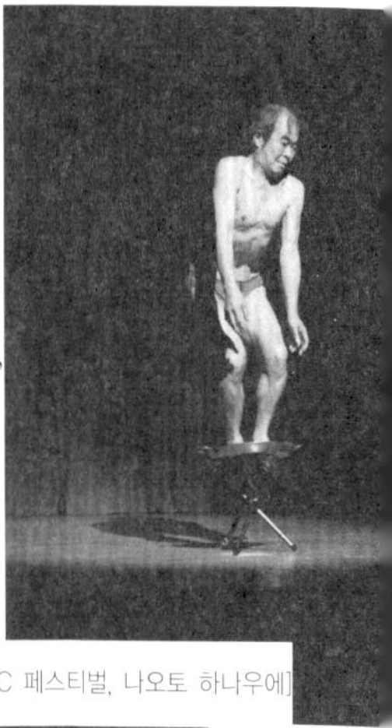

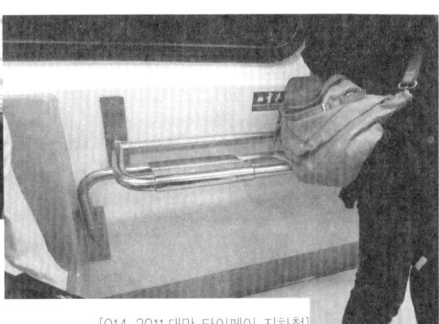
[012-일본 미시마 MMAC 페스티벌, 나오토 하나우에]

[013-2015, 덴마크 기차]

[014-2011, 대만 타이페이 지하철]

[015-2009, 어느 친구의 의자]

그리고, 그리고... 가끔은 빈 의자를 바라보면 그 본연의 앉는 기능과 아무런 상관없는 아픔과 깊은 회상이 함께 오기도 한다. [015]
그리고 나는 지금 하숙집 소파에 혼자 앉아 낯선 여유와 함께, 보이지 않는 희망을 상상하고 있다. [016]

[016-2015, 덴마크 코펜하겐의 하숙집]

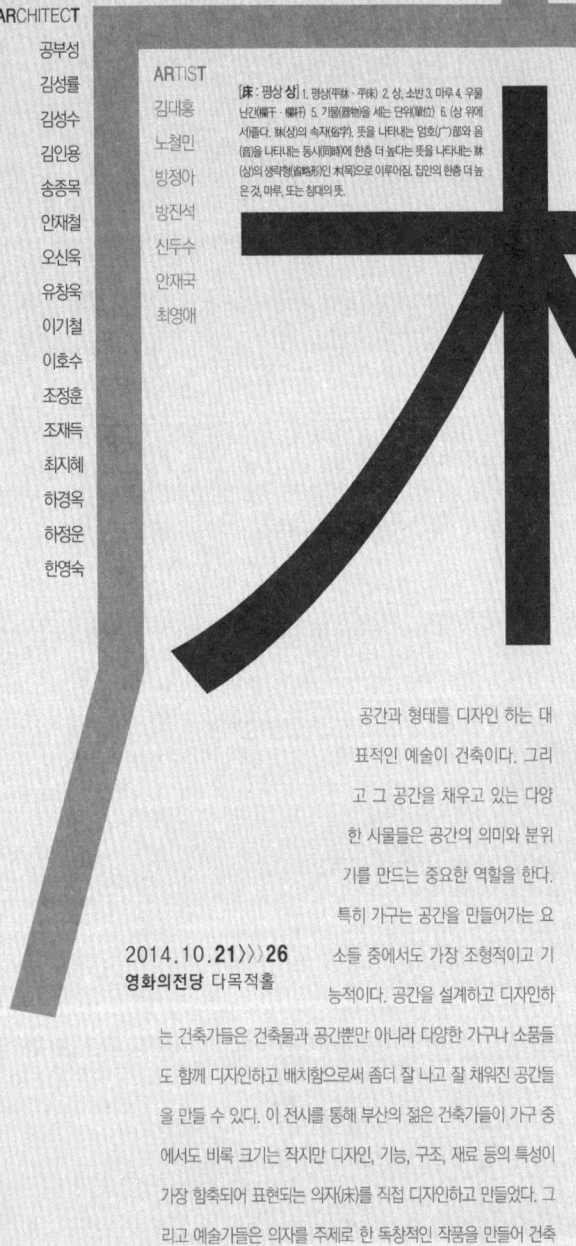

부산건축가회 젊은 건축가 기획전

ARCHITECT
공부성
김성률
김성수
김인용
송종목
안재철
오신욱
유창욱
이기철
이호수
조정훈
조재득
최지혜
하경옥
하정운
한영숙

ARTIST
김대홍
노철민
방정아
방진석
신두수
안재국
최영애

[床 : 평상 상] 1. 평상(平牀·平床) 2. 상, 소반 3. 마루 4. 우물 난간(欄干·欄杆) 5. 기물(器物)을 세는 단위(單位) 6. (상 위에서)잠다. 牀(상)의 속자(俗字). 뜻을 나타내는 엄호(广)部와 음(音)을 나타내는 동시(同時)에 한층 더 높다는 뜻을 나타내는 牀(상의 생략형(省略形))인 木(목)으로 이루어짐. 집안의 한층 더 높은 곳, 마루, 또는 침대의 뜻.

2014.10.21〉〉〉26
영화의전당 다목적홀

공간과 형태를 디자인 하는 대표적인 예술이 건축이다. 그리고 그 공간을 채우고 있는 다양한 사물들은 공간의 의미와 분위기를 만드는 중요한 역할을 한다. 특히 가구는 공간을 만들어가는 요소들 중에서도 가장 조형적이고 기능적이다. 공간을 설계하고 디자인하는 건축가들은 건축물과 공간뿐만 아니라 다양한 가구나 소품들도 함께 디자인하고 배치함으로써 좀더 잘 나고 잘 채워진 공간들을 만들 수 있다. 이 전시를 통해 부산의 젊은 건축가들이 가구 중에서도 비록 크기는 작지만 디자인, 기능, 구조, 재료 등의 특성이 가장 함축되어 표현되는 의자(床)를 직접 디자인하고 만들었다. 그리고 예술가들은 의자를 주제로 한 독창적인 작품을 만들어 건축가들과 어우러짐을 통해 건축과 예술이 따뜻한 소통을 시도한다.

의자 짓는 네 가지 갈래

作技樂藝

m

공부성

방진석

송종목 + 안재철

오신욱

이기철 + 신두수

조정훈

하정운

ke 作

힘의 흐름이 빚어낸 무용수의 몸은
형태와 동작을 만들어낸 수많은 시간을 나타낸다.
그래서 무대 한가운데 서있는 것으로도
사람의 시간과 삶의 시간을 가감 없이 표현할 수 있다.
그래서 건축가는 시간이 만들어낸 질료와 힘의 흐름을 몸에 익힌다.

make

공부성 | 루가건축 대표

각재(角材) & 면재(面材)의 대비
110x45x45cm _ 미송각재, 자작합판 _ 2014

- 미송 각재의 순수 골격을 강조하기 위하여 각재와 공간을 번갈아 구성하여 수직재, 수평재로 구성하였다. 33mm의 각재만으로 구성된 의자를 제안한다.
- 두께 12mm의 자작합판 으로 'ㄷ' 구조물을 만들고, 앉을 판(board)을 끼워 넣어 앉는 판과 수납공간 만들기. 각재의 대비로 판재 맞춤에 중점을 두어 판재로만 구성된 앉을 수 있는 의자를 제안한다.

단순 재료로 의자 만들기

- 33mm- 미송각재(L=13.4m), 숨은 못치기, 목공접착제 사용(330x450x1100)
- 12mm 자작합판(1판, 1200x2400), 목공접착제(450x450x600)

그간 건축작업에서 지속적으로 제안하였던 합성목재 루버의 건물 외피의 사용 예를 의자의 뼈대로 변형해서 제안해 보았다. 건축물 입면에 사용한 재료와 그 디테일을 응용하여 의자만들기에 적용하였으며, 제안한 각재와 대비되는 판재의자를 추가로 디자인하였다.

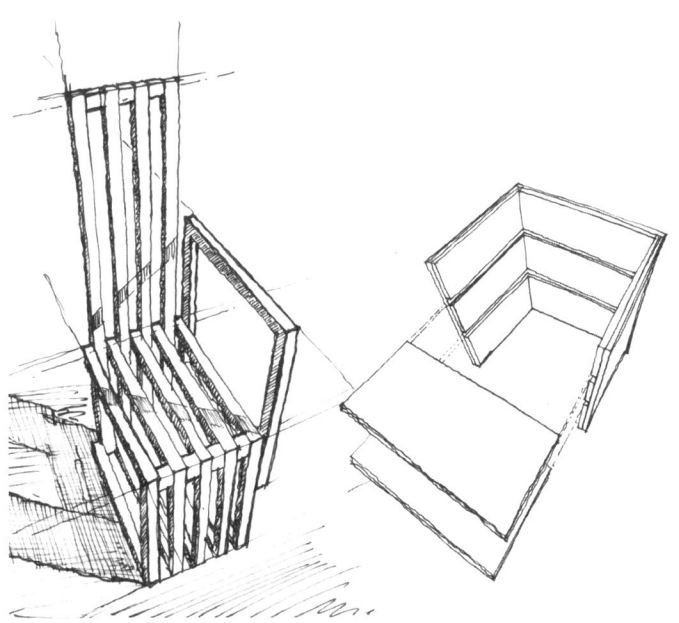

재료에 대한 생각

건축 작업을 하면서 고민하는 것 중 하나가 재료에 대한 고민이다. '어느 재료가 공간과 외부이미지를 잘 구축할 수 있을까?' 하는 생각도 그 중 하나이다. 재료에 대한 고민의 표출이 몇 개의 프로젝트를 통해 시도해 보았다. 건축물 덩어리에 목재 루버를 둘러싸는 식의 치장이다. 유지관리 측면에서 천연목재를 사용하지 못하고 결국은 합성목재로 마무리했지만 의자 디자인을 준비하며 순수한 천연 목재 사용에 대한 욕망이 계속 남아 있었던 것 같다.

의자 디자인을 진행하며 생각한 이미지는 이런 건축 작업의 외부 입면 디자인의 연장선에서 출발하였는데 천연목재의 단일한 재료의 조합이었다. 건축 작업과는 달리 기본 뼈대가 바로 외부 마감이 되는 의자의 특성을 고려하여 최대한 단순한 각재로 제작해 보고자 하였다.

33mm x 33mm 순수 각재의 조합

단 한 가지 재료를 선정한다. 미송을 가공한 정사각형 선형 각재를 조합해서 형태를 만들고, 앉기 편한 의자보다는 보기 좋은 비례의 형태에 포커스를 맞추기로 한다. 각재의 긴장감을 표현하기로 하였으니, 의자의 기능 중 앉아서 쉬는 '안락함'은 뒤로 미룬다. 각재 사이의 각재와 동일한 크기로 여백을 두니 의자가 숨을 쉰다. 햇빛도 의자를 거쳐 지나간다.
건축에서의 입면이 의자에서도 살아 숨을 쉰다. 단순함이 힘이 되어 말을 하기 시작한다.

접합부의 문제

디자인은 외부로 드러나 보이는 형태의 문제다. 숙제로 남아 있는 것은 디자인한 것을 어떻게 접합하여 조작할 것이냐에 대한 것이다. 모델링에서는 문제가 되지 않았으나 접합은 의외로 쉽지 않았다. 못등 철물이 외부에서 보이지 않기 위해서는 '만드는 치열함'이 필요하였다. 건축과는 또 다른 부분의 고민과 연구가 필요하다. 목재의 특성을 다시 고민해야 했으며, 오래된 기억 속에 남아 있는 맞춤. 이음 등 목재의 짜맞추기에 관심을 가지기 시작한 계기가 되었다.

자작합판으로 만든 수납의자

각재의 의자 초안을 마무리하고 대비되는 판재로 된 의자를 디자인하는데 우선적으로 다른 마감이나 덧칠이 필요 없는 자작합판을 선정한다. 각재의자와 마찬가지로 재료의 선정은 무엇보다 중요하다.
자작합판 12mm를 조합하여 판재로 구성된 박스형태의 앉을 수 있는(?) 의자이다. 앉는 곳의 힘을 그대로 지면으로 전달하는 'ㄷ'자 형태의 판구조와 그 사이로 앉는 기능을 하는 판재를 끼워서 의자의 기능을 가지게 한다. 판재의 결합은 힘을 받을 수 있는 조합의 고민이 담겼다. 2겹 자작판재의 힘을 느낄 수 있었다. 각재 의자와 달리 판재의자는 앉는 기능과 수납기능에 중점을 두었다.

각재와 면재 의자의 대비

각재로 만든 의자는 철근 콘크리트의 뼈대를 보는 듯. 남성미를 가지는 특징을 가지는 듯 하다. 면재로 구성된 의자는 실용성을 가진 수납공간을 추가로 구성하여 잘 짜여진 정사각형처럼 구성하였다.
각재의자와 면재의자에서 각재의자는 완결성을 추구하여 건축작업과 연계된 형태를 구현한 것으로 생각되며, 면재의자는 더 진화할 수 있는 숙제를 나에게 던져준다. 좀 더 가볍게 만들어줘. 앉기에 너무 딱딱해 면재의자의 진화를 꿈꿔 본다.

make

방진석 | 목공연구가

공기가 흐르는 의자
90×38×43.7cm _ 홍송에 채색 _ 2014

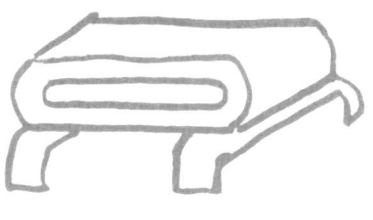

이 작업에서 두가지 점에 중점을 두었다. 첫째는 충분히 두꺼운 양감을 유지하면서도 편안한 곡선의 느낌을 만드는 것. 둘째는 가능한 피스나 못 등을 사용하지 않고 완성할 것이었다. 구조적으로 빈약해보이거나 혹은 투박해보이지 않은 적당한 느낌의 두께를 찾기 위해서 여러 종류의 재료를 비교해본 후 현재의 두께로 결정하였다.

곡선의 라인을 정확하게 구현해낼 도구가 없는 관계로 나무 표면에 라인을 그린 후 직쏘로 오려내고 사포로 마무리하였다. 안쪽 구멍 모서리의 곡면 느낌은 깎아내는 것이 아니라 덧붙여서 만들어내야 하므로 오목하게 파낸 얇은 나무를 각각 모서리에 붙여서 바깥쪽 모서리의 라인과 비례를 맞췄다. 받침대의 경우 상부와의 통일성을 위해 라인의 각도와 두께를 유지하고자 하였다.

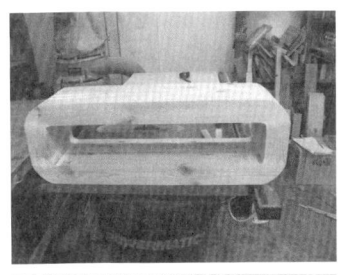

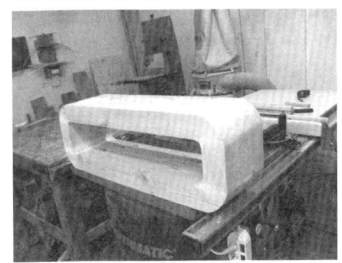

make

송종목 | 건전지ENG 대표 **+** 안재철 | 동아대학교 건축학과 조교수

공포체험(栱包體驗)
44×44×42cm _ 목재, 투명 아크릴 _ 2014

오래 앉아 있어도 편안한 의자, 디자인이 예쁜 의자, 모양이 독특한 의자, 이동이 편리한 가벼운 의자, 권위를 나타내는 의자 등 사용목적에 맞추어 디자인과 재료, 그리고 구조가 다른 다양한 의자들이 만들어진다. 주변에 의자들을 보면서 이 의자들은 어떠한 기능, 생활, 삶을 담아 만들 어졌을까 생각하게 되었다.

털썩… 드르륵… 끼이익… 삐걱삐걱…

의자는 많은 소리를 가진다. 소리는 에너지이고, 에너지는 생활 속의 힘과 변형의 관계이다.

대충 겉옷을 던져버리고 소파에 몸을 던지고 싶고, 일이 잘 풀릴 때는 흥겨운 노래를 들으며 몸을 들썩인다. 그러다 015b의 노래라도 우연히 라디오에서 흘러나올 때면 몸을 뒤로 젖히고 가만히 눈을 감아본다.

생활은 무게이고 나는 의자와 함께 버티고 변형한다.

그래서 의자는 어쩌면 생각보다 구조와 밀접한 관계를 가지는지도 모르겠다.

우리 전통건축에 사용된 공포(栱包)는 무거운 지붕하중을 적절히 지지하는 구조적 합리성과 함께 완벽한 아름다움을 나타내는 건축부재이다. 산업화된 근·현대 건축에서 이미 도태된 지 오래지만, 처마 지붕의 선이 하늘을 감싸는 아름다움을 나타낸 것이라면 나무 공포의 짜임은 힘의 흐름을 아름다움으로 승화시키고자 했던 장인의 노력을 엿볼 수 있다.

공포와 하나의 기둥(一柱)로 이루어진 의자를 통해 전통 구조체계의 아름다움을 표현하고자 하였다.

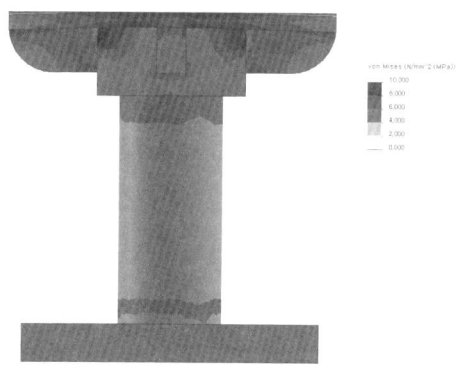

공포는 전통 목조건축에서 기둥 위에 쓰이는 조립부분으로 기둥위에 주두를 올려놓은 다음 살미, 첨차, 소로로 구성되어 보를 받치도록 한 구조이다. 공포는 역심각형 형태를 이루므로 한 층씩 올릴 때마다 건물 밖으로 돌출하게 되어 보를 올릴 수 있다. 건물 지붕의 무게를 분산 혹은 집중시켜 구조적으로 안전한 완충적 작용을 하게 하여 하중을 지지하므로 안정된 구조로 처마를 깊게 만들 수 있다. 또한, 내부공간을 확장시키고 건물을 높여 웅장한 멋을 낼 뿐만 아니라, 그 구성이 장식적으로도 중요한 기능을 가지는 오래된 전통건축 양식이다.

전통 공포는 건축물의 구조부재 속에서 보이지 않는 하중을 분산하는 방법을 우선적으로 고려하였다. 그와 동시에 구조적 안정성을 충분히 검토하고 장식을 최소화하면서도 구조적으로 합리적인 형태를 통한 구조미를 표현하고 있다.

시각적 무게감의 평형을 수학에서는 '비례'라고 하니 완벽한 힘과 부재의 조화를 나타내는 작품이야말로 이상적인 비례미를 나타내어야 한다. 하지만 이건 마치 완벽한 아름다움의 '밀로의 비너스(Venus of Milos)'를 표현하고자 하였으나 '빌렌도르프의 비너스(Venus of Willendof)'의 모습이 되어버린 꼴이다. 어쩌면 공학자의 작품으로 과다 설계가 이루어진 면이 없지 않으나, 이상적인 비례보다 그 옛날 풍요와 다산을 기원하듯 힘과 안전성을 과장되게 표현한 것으로 이해해 주었으면 한다.

make

오신욱 | 라움건축 대표

기본床
24×28×80cm _ 멀바우 데크재 가공 _ 2014

의자는 인간이 사용하는 가구 중 매우 작지만 큰 역할 을 한다. 거장 건축가들과 현대 건축을 이 Rtmdjrks다고 평가 받는 건축가들은 대부분 의자를 디자인하고 만들어 왔다. 그리고 한때 건축이나, 조형관련 학과에서는 기초수업으로 의자만들기를 진행하였다. 의자는 예로부터 권위에 대한 상징으로 간주되었다. 현대화 되면서 의자는 보잘 것 없지만 가장 간편하고, 손쉽게 편안함을 제공해주는 것이 되었다. 좌식문화에서 입식 문화로의 전환을 경험한 우리세대는 의자 없이 생활한다는 것을 상상하기 힘들다. 최근 커피숍이 폭발적으로 생기고, 그 공간을 채우고 있는 의자와 테이블은 어느 하나라도 같은 것이 없을 정도로 다양하다. 또한 유명 가구디자이너가 만든 의자는 순식간에 이미테이션 의자들로 공급되어 손쉽게 주변에서 볼 수 있다. 건축가 프랑크 로이드 라이트의 의자중 하나는 심지어 고유의 이름을 가진 제품으로 대량 생산되기도 한다. 그렇다면 건축가에게 의자는 무엇일까? 우선 의자는 건축물의 축소판처럼 많은 것을 닮아 있다. 작지만 구조적으로 이용자의 체중을 버티지 않으면 의자로써 사용되어 질 수 없는 점, 사용하는 재료의 물성과 디자인, 그리고 구조적 해법과 결합방법이 통합적으로 해결되지 않으면 않되는 점 등이 건축과 무척이나 닮아있다. 그래서 의자는 가장 작은 건축물이라 확장해서 생각할 수 있다. 또한 창작성이 뛰어난 디자인은 의자를 예술작품의 위치에 옮겨 놓기도 한다.

기본床의 작품은 한정된 재료의 사용만으로 재료의 물성과 한계를 느끼지 못하도록 가공하여 만드는 것이 주된 생각이다. 주어진 재료로는 결코 만들어질 수 없을 것 같은 가는선을 만들었다. 기본 부재 단위인 라드(rod)를 가늘고 길게 만들어 사용함으로써 가장 기본적인 의자를 만들었다. 건축에서 큐브(cube)와 라드(rod)가 기본적인 조형의 재료로 접근되는 것처럼, 의자를 만듦에 있어 가느다란 선을 이용해서 디자인 한다면 그것이 가장 기본적인 의자일 것이다. 또한 최소의 의자, 즉 등받이가 있는 가장 작은, 실제 사용할 수 있는 의자가 되기를 기대했다. 가는 선을 이용한 최소의 의자, 가장 기본을 의미하는 의자, 라드(rod)의 특징인 가벼움과 공간적 볼륨을 느끼게 하는 의자가 되었다. 앉으면 부러지지 않을까? 하는 의심이 들지만, 단단하고 기능을 다 할 수 있는 기본은 하는 의자, 그것이 기본床 이다.

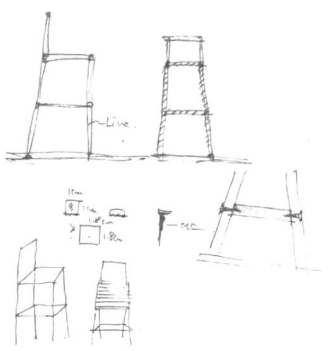

건축가가 만들면 다르다는 의자를 구현하기 위해 시작된 생각이, 바로 잠재성이다. 루이스 칸이 주장한 침묵, 그것은 존재를 더욱 드러내는 것이다. 그래서 침묵상(床)은 미려한 디자인이나 화려한 기능 보다는 건축의 흔적을 간직한 절제되고 소박한, 즉 사물적 존재의 힘을 느낄 수 있고 상황에 따라 의자, 탁자, 오브제 등 다양한 존재적 가치로 평가받을 수 있는 의자가 된다. 건축 공사현장에서 찾을 수 있는 재료(H-BEAM)와 가구점에서 찾을 수 있는 재료(원목)를 사용하여 구성하였다. 철과 목재의 이질 재료를 접합 하는 방식은 수공으로 가능한 가장 원초적이고 단순한 목재 홈파기(H자형)를 선택했다. 철골의 사용흔적은 시간을 담고 있으며, 목재의 거친 가공은 소박함을 자아낸다.

침묵상(床)
30×30×40cm _ h-beam, 원목 _ 2014

스툴과 의자

스툴 – 55×46.5×47cm _ 멀바우 데크재 가공 _ 2014
의자 – 45×45×100cm _ 멀바우 데크재 가공 _ 2014

스툴과 의자사이는 의자의 역사와 유래에서 비롯되었다. 스툴(Stool)과 의자(Chair)의 차이는 등받이 이다. 그런데 대부분의 스툴과 의자는 전혀 다른 디자인으로 별개인 것처럼 제작되어진 느낌을 받는다. 그러나 의자의 역사에서 스툴과 의자가 연속선상에 있고, 디자인 역시 연속선상에서 단계적인 지점의 차이로 인해 만들어진 것이다. 그래서 의자를 만들기까지의 과정을 설정하고, 그 단계의 지점별로 구분한다. 첫 번째는 스툴이 되고, 그 다음단계는 의자가 된다. 우선 구조적 프레임을 만들어 양쪽으로 세우고, 그 프레임을 연결하는 부재가 의자의 바닥판이 되도록 하였다. 즉, 디자인된 선과 구조적 역할을 위한 선이 구분되지 않으면서 동시에 각자의 역할을 할 수 있도록 하였다. 이러한 과정에서 먼저 스툴이 만들어지고, 그 스툴에 등판을 추가 하여 의자를 완성하였다.

의자를 만들기로 하면서 우선 가지고 있던 재료(멀바우 데크재)만으로 만들어보자는 것이 출발점이었다. 이 재료는 리싸이클링의 의미를 담은 유휴재료를 사용하는 것이다. 그러다 보니 한정된 형태(폭120mm, 두께10mm)의 판재만으로 의자를 만들어야 했다. 이러한 제약을 둘러엎고 의자를 만든다는 것은 역시 어려운 일이었다. 건축을 디자인 하는 것은 내가 직접 만들지 않아도 기술, 경제력 등이 총 동원되어 결과를 만들어주는 것이 전제되어 있어 다양하게 디자인 할 수 있다. 하지만 이 작업은 디자인 한 것을 직접 만들어야 한다는 점 때문에 디자인 자체가 어려운 작업이었다. 직접 재료를 만지고 가공하고 뚝딱 거리는 것을 통해 제작의 매력을 느낄 수 있었다. 이것이 작품의 매력이고 인간이 가지고 있는 제작의 본능임을 느낄 수 있었다. 많은 가르침을 준 의자 만들기는 오랫동안 건축을 하면서도 간과했던 장인정신에 대한 생각을 하는 계기가 되었다. 건축작업을 통해서 좋은 공간을 제공했지만, 사용자가 어울리지 않는 의자와 테이블을 사용하면서 당초 의도한 공간의 분위기가 전달되지 않는 경험을 하곤 했다. 이제 건축물과 개념이나 아이디어, 구축적 방법 등이 동일한 의자나 가구를 디자인해서 제공한다면, 건축공간의 힘은 더욱 강해 질 것이다.

Chair W
45×45×90cm _ 애쉬목 _ 2014

make

이기철 | 아키텍 케이 대표 + 신두수 | 조각가

건축가 이기철과 조각가 신두수가 진행중인 예술장르 간의 다양한 협업 프로젝트. 'ㅋㅋㅋ'(영문 KKK)의 의미 처럼 '재미'와 '흥미'가 가장 큰 동력이며 "조각은 이래야 한다", "건축은 이래야 한다"식의 각 장르의 제약를 벗어나 보는 것을 지향점으로 삼고 있다.

Chair_W는 'ㅋㅋㅋ'의 첫 프로젝트로 개인주택 건축주를 위한 의자 디자인이다. 건축과 가구 디자인에서 요구하는 기능의 미니멀한 표현을 벗어나, 몸의 다양한 곡선을 의자의 삼차원적 형태에 적용하였다. 조각의 전통적 수제작 방식이 아닌 변화하는 기술적 진보를 적극적으로 제작과정에 적용. 컴퓨터에 의한 디자인과 CNC에 의한 가공을 통해 인체의 복합적인 형태를 의자로 재현하는 작업이다.

비상(飛上)
210 X 56.4 X 116cm _ 자작나무합판, 텐환봉, 스텐볼트캡+와셔 _ 2014

make

조정훈 | 아익건축 대표

건축하는 사람이 의자를 디자인을 하려 한다면 어떻게 접근해야 할까? 이런 질문부터 나에게 던지게 됐다. 우리는 공간을 디자인한다. 또한 동시에 형태도 디자인하게 된다. 이 사유의 바탕은 사람이다. 모든 건물은 사람에게 쓰임을 전제로 하며 그에 따른 '형태와 공간'이 디자인된다. 하지만 여기서 말하는 공간이란 소위 말하는 '형태와 기능'에서의 '기능'과는 다른 두루뭉술함이다. 오랜 세월이 지나면 기능은 사라지고 형태와 그 속의 공간의 가치 혹은 의미만 남는다. 이는 제품에도 그대로 적용될 것이며, 의자에도 마찬가지라고 생각된다. 단지 공간의 크기가 사람크기 정도의 척도로 줄어들 뿐인 것이다.

그래서 기능이 아닌 의자의 가치 혹은 의미에 주목해 본다. 따라서 이 의자는 어떤 상황에 쓰인다는 명확한 설정이 없었다. 단지 쉼이라는 설정과 안락함을 선사하고자 하는 그 의미와 가치를 형태적으로 표현하고 싶었다.

안락함을 가진 이미지란 어떤 것일까?
물 위에 떠다니는 나뭇잎 위에 앉은 느낌 혹은 구름 위에 앉은 것 같은 편안함 등 이런 이미지가 복합적으로 표출되는 이미지가 필요했다. 그런 감각으로 스케치를 하다 보니 비상하는 새 같기도 하고, 소스보트 또는 요술램프 같기도 한 모양이 나왔다.

이제 이런 형태를 어떤 방식으로 구현하느냐가 관건이다. 형태표현의 재료는 일상적으로 가구에 쓰는 목재로 접근해서 건축적 구법을 적용해 보고 싶었다. 목재로 할 수 있는 가장 건축적인 접근은 루버였다. 건축에서 루버는 대부분 차양의 역할을 한다. 빛의 양을 조절하거나 빛의 각도에 따라 음영의 차이로 인한 깊이 감의 변화가 생기는 것이 특징이라 할 것이다. 또한 루버가 여러게 겹쳐지면 선이 면으로 읽힐 것이고 면이라면 앉을 수 있을 것이다. 그 선의 집합을 표현할 재료는 자작나무합판이 탁월했다. 이미 합판의 단면에 선들의 집합이 있기 때문이다.

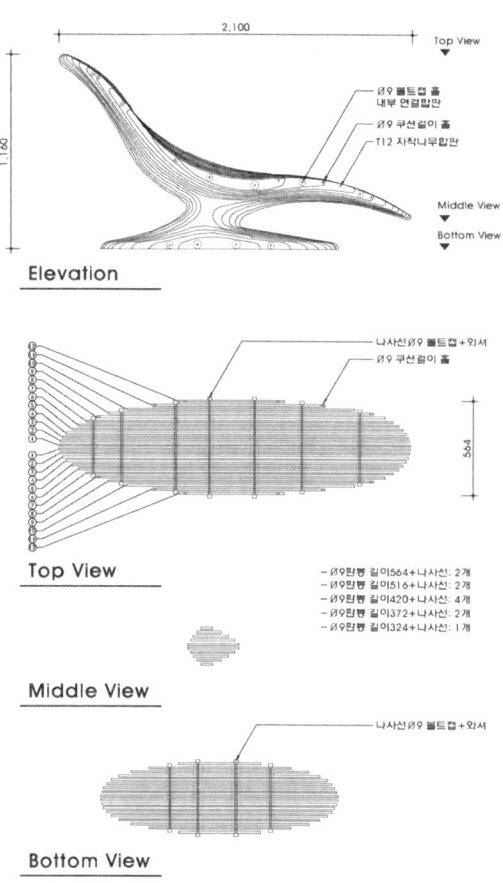

우리는 언제나 눕거나 서지않으면 의자라는 가구와 대면하게 된다. 그러다 가끔 구름위에 앉은 것 같은 편안한 의자나, 색다른 의자를 만나게되면 기억하게 된다.

그 구름위로 데려다줄 나무루버같은 색다른 의자를 만들고 싶었다. 건축에서 루버는 각도에 따라 선이아니라 면으로 읽힐 때가 있다. '면이라면 앉을 수 있겠군.' 거기서 출발했다.

make

하정운 | 라움건축

선의 진동
40x40x60cm _ 이형철근 HD10 _ 2014

'앉을 수 있다'는 의자의 특별한 상황만을 고려하였다. 제2구상은 '앉을 수 없다' 일지 모르지만 '기능을 충족하는 의자의 의미'와 '의자를 표현해낼 수 있는 재료' 선정만으로도 특별한 그 의자만의 상황은 조형의지를 드러낼 것이라 생각했다.

선형의 철근으로 암시 없이 형상을 만들어내는 것으로 조형의지(will-to-form)를 표현하고자 했다. '앉을 수 있다'는 어떤 기호(의자)의 특별한 상황을 담아야 한다는 생각에서 시작된 床 찾기는 구부리고 잘라 몸과 접할 면을 만들어 내기 위한 실습의 하나였다. 드러나는 부재의 의지를 표현하고 싶었으며, 공사현장에서 드러나지만 완공시 완전히 숨어버리는 재료를 사용해보자는 재미에서 작업하였다.

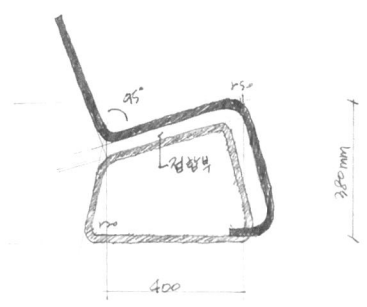

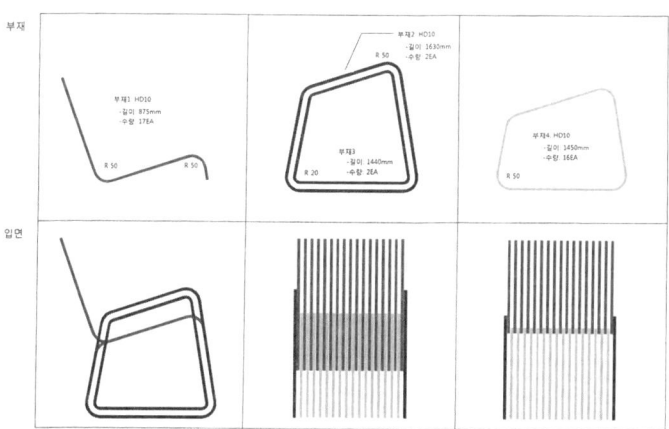

선정된 재료인 철근은 마지막까지 접합방법으로 조형성을 표현하는데 어려움을 겪게 했다. 선형의 철근 조합을 통해 철근의 흔들림, 구부러짐, 겹침, 직진성 등으로 세부적 묘사를 표현하고자 했던 구상은 철근을 엮어내는 접합방법의 제한성으로 인해 공사현장 용접으로 마무리되었다. 선부재 접합방식의 샘플실험을 통해 철사이음, 실잇기, 태입바름 등 선적 부재의 접합방법으로 기능을 충족함과 더불어 선형의 철근을 통한 면의 시각적 농담을 표현하는 것이 얼마나 어려운 것인가를 느낄 수 있었다. 부재의 접합법으로 부재의 특성을 살릴 수 있는 방법의 고심이 결국 조형성의 완결이 아닐까 생각이 든다.

어려운 묘사보다 단순함으로 기능과 의미가 전달되는 것이 좋은 床이 아닐까하는 생각이 들었다. 보는 것보다 편안함을 느끼게 한다면, 보는 것만으로 재미를 느끼게 한다면, 의미만으로도 흥미로웠다면….
건축가라는 이름을 가슴에 얹힌 우리에겐 집안 가득한 사물과 집 밖 가득한 사물은 언제나 매력적인, 특별한 사물일 수밖에 없는 것 같다. 제작과정 중 일어섬과 앉음 사이에서 규격을 정하고, 수작업을 통한 물집의 흔적도 남기며, 가상의 내구성 테스트도 겸하면서 참 재미가 있었다고 말하고 싶다.

func

김인용
노철민
유창욱
조재득
최영애
최지혜

tion

技

그리던 삶은 기능(Function)이다.
숫자로 표현하면 성능(Performance)이다.
공장과 대화하기 위한 성능이라는
삶과 대화하기 위하여 우선 귀를 기울여야 한다.

"어서 오세요. 여기 앉으세요."

안식이 힘겨운 그, 일상이 까칠한 그녀
120×120×86cm _ 목재위 도장 및 스큐류나사못, 투명 아크릴 _ 2014

Function

김인용 | 다우건축 대표

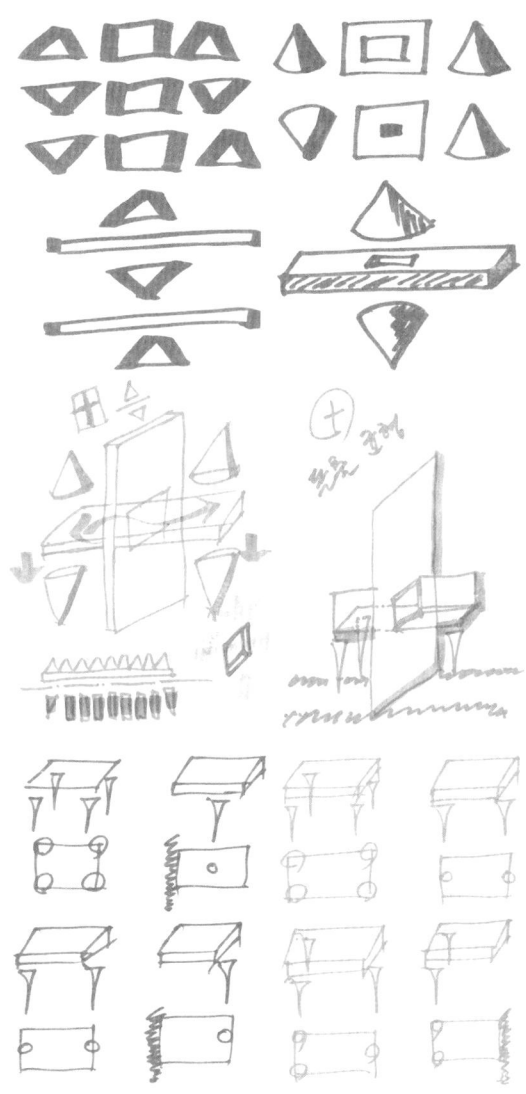

퇴근길, 저녁노을이 짙게 물든 도로를 질주하다보면, 이대로 집을 지나쳐 달리고 싶어진다. 늘 복잡한 일들은 뒤로 하고 재충전하는 여유를 갖고 싶어 하는 마음이 어느새 저 앞을 달려가고 있다. 세상이 각박해지는 만큼 일상을 힘겨워하는 그는 늘 편안한 안식처가 필요하며, 조금이라도 걸터앉을 수 있는 곳은 무너지듯 앉게 된다. 그에게 재충전까지는 아니더라도 잠시의 쉼표가 되지만. 그는 늘 위태로워 보인다.

한바탕 폭풍이 지나쳐가듯 아이들 뒷바라지에 정신줄을 놓고 보면 어느새 하루가 지나가고 있다. 반복되는 똑같은 일상은 그녀에게 더 이상 새롭지도 않으며, 자신을 한없이 무디게 만들어 간다. 어느 날 문득 이전의 자신을 돌아보며 힘을 내어보려 하지만 일상의 무게에 짓눌려 흐지부지 되어 버린다. 그런 그녀가 자존을 높이려고 애쓰는 모습이 이상하게 까칠해 보인다.

그든 그녀든 둥글하게 살아야하나 형체 없는 위태로움에 늘 불안할 수밖에 없고, 마음 속에 생기는 뾰족한 모서리는 그 수를 늘려만 간다. 안락함을 찾아보려하나 일상 속의 위태함과 불안감은 바늘같이 찔려 온다. 게다가 그와 그녀 사이에 생긴 차단의 벽….

하지만 시소의 균형처럼 벽을 털고 좌우를 나누어 서로를 이해하고자 한다. 딛고 있는 곳이 불안하다하더라도 의지하고 나누면서 마음 속의 안락과 평안을 바라본다.

function

노철민 | 예가림디자인

hwinchair
110×45×120cm _ 애쉬, 미송, 느릅 _ 2014

다수의 사람들은 지루하고 심심한 집 안 풍경으로 깊은 시름에 빠진다.
그건 아주 작은 변화로 큰 효과를 얻을 수 있는 무엇을 발견하지 못했기 때문이다.
이번 작업은 그 무엇을 찾고 그 무엇을 표현할 수 있는 의자를 디자인하고자 하였다.
따스한 느낌을 주는 나무를 소재로 사용하였으며 직선과 단순한 곡선이지만 지루하지 않고 멋스러우면서도 실용적인 가구를 구상하고, 그것들로 공간의 또 다른 의미를 가질 수 있게 표현하고자 하였다.

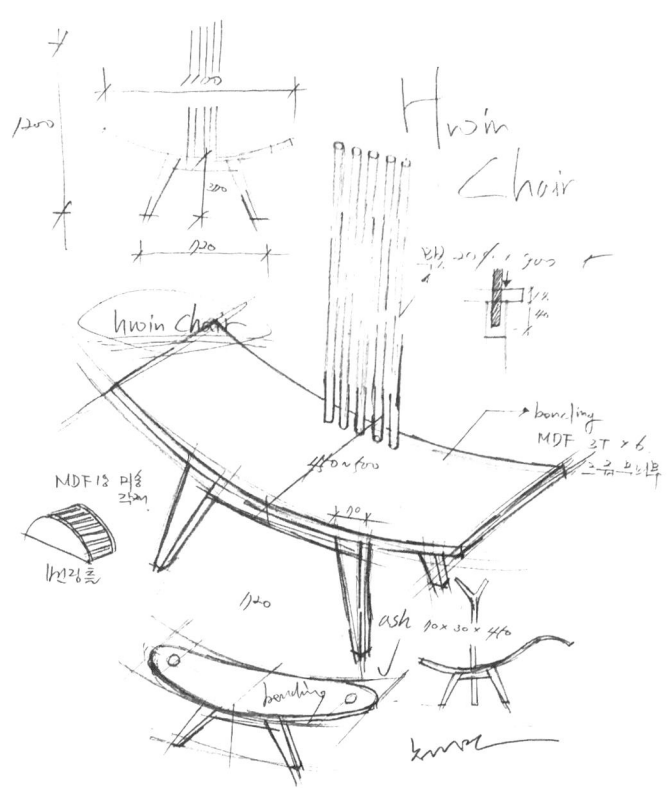

Cube & Rod
72×45×130cm _ 미송 _ 2014

function

유창욱 | 캘리토닉 디자인스튜디오 대표

'하나의 형태가 전체를 이룬다'는 생각을 가지고 의자제작을 시작하였다.

'하나의 형태'는 900×900×H(Var.) 크기의 막대기(Rod)로 설정하여 작업을 진행하였다.

의자는 크게 땅에 접한 부분, 인간, 하늘에 접한 부분으로 나누어 생각하였는데 먼저 땅에 접한 부분인 하부는 안정적인 느낌을 줄 수 있도록 기하학적인 방법을 이용하여 의자를 구성하였고, 하늘에 접한 부분인 상부는 하부에 비해 자유로운 느낌을 줄 수 있도록 계획하였다. 그리고 사람이 앉을 좌석부분은 기능적 측면을 고려하여 인체치수에 맞춰 의자를 고려하였다.

무엇보다 이번 의자제작에서 크게 신경을 썼던 부분은 하부와 상부에 적용될 형태에 대한 고민이었다. 긴 형태의 막대기만을 이용하여 어떠한 방식으로 규칙성(안정감)과 불규칙성(자유로움)을 동시에 보여주어야 하는지 고민을 할 수밖에 없었다. 그래서 선택한 방식이 큐브(Cube)다. 기본적으로 정사각형의 막대기를 '하나의 형태'로 설정하였기 때문에 큐브가 가장 이상적이라 생각하였다. 의자의 전면에서는 큐브가 드러나도록(양각) 배면에서는 큐브가 사라지도록(음각) 계획하였다. 그리고 등받이를 이루게 되는 즉, 앞서 언급한 하늘에 접한 부분에서는 불규칙성(자유로움)을 나타내기 위해 다양한 높이로 계획하여 의자를 완성하였다.

건축가로 참여한 이번 의자제작에서 개인적으로 많은 것을 느낄 수 있었는데 그중에서도 시간이 지날수록 주변 사물에 대한 관심이 점차 부족해진다는 것이다. 많은 예술가분들과도 이야기하며 배울 점도 많았고 뜻 깊은 시간이었던 것 같다.

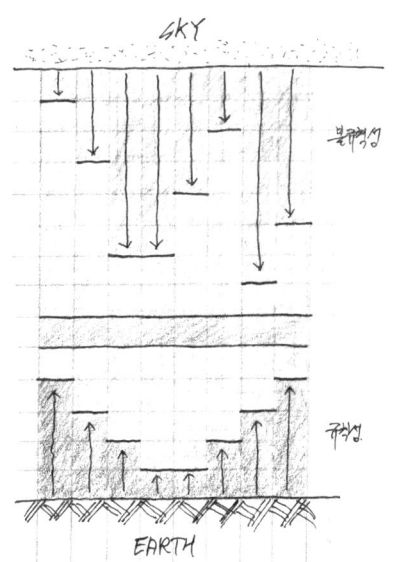

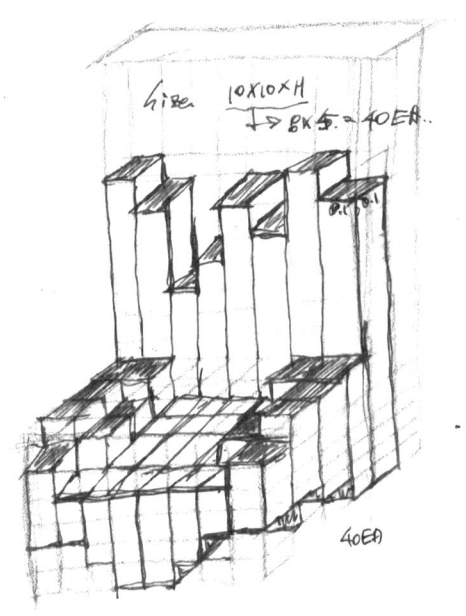

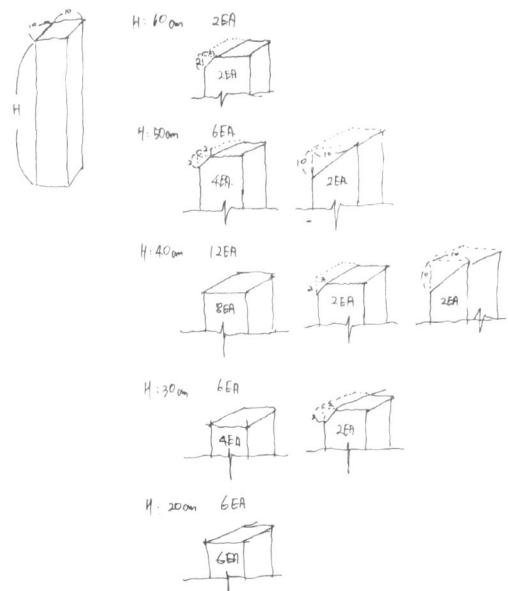

function

조재득 | 아키캘리건축 대표

chair of variety (다양한 의자)
30×70×90cm _ MDF, 스틸, 시트지 _ 2014

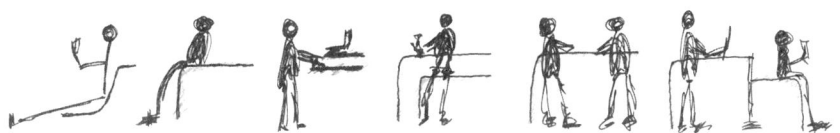

사용자에 따라 다양한 기능성을 만족시킬수 있는 것
본 건축가의 의도는 사용자에 의해 변할수 있는 기능에 대해 디자인 및 편의성을 갖춘 의자를 만들어 본다.

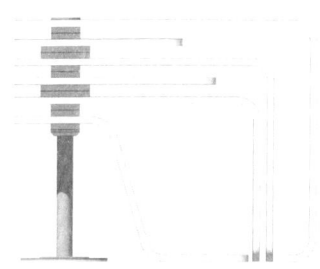

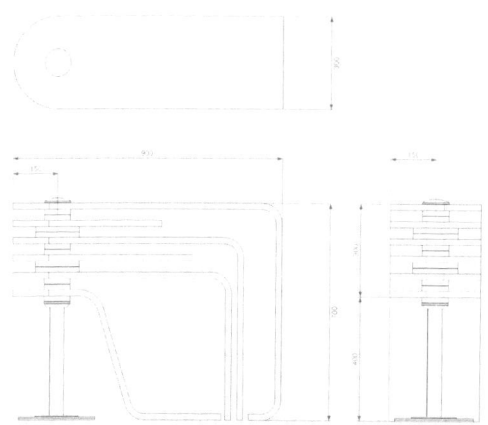

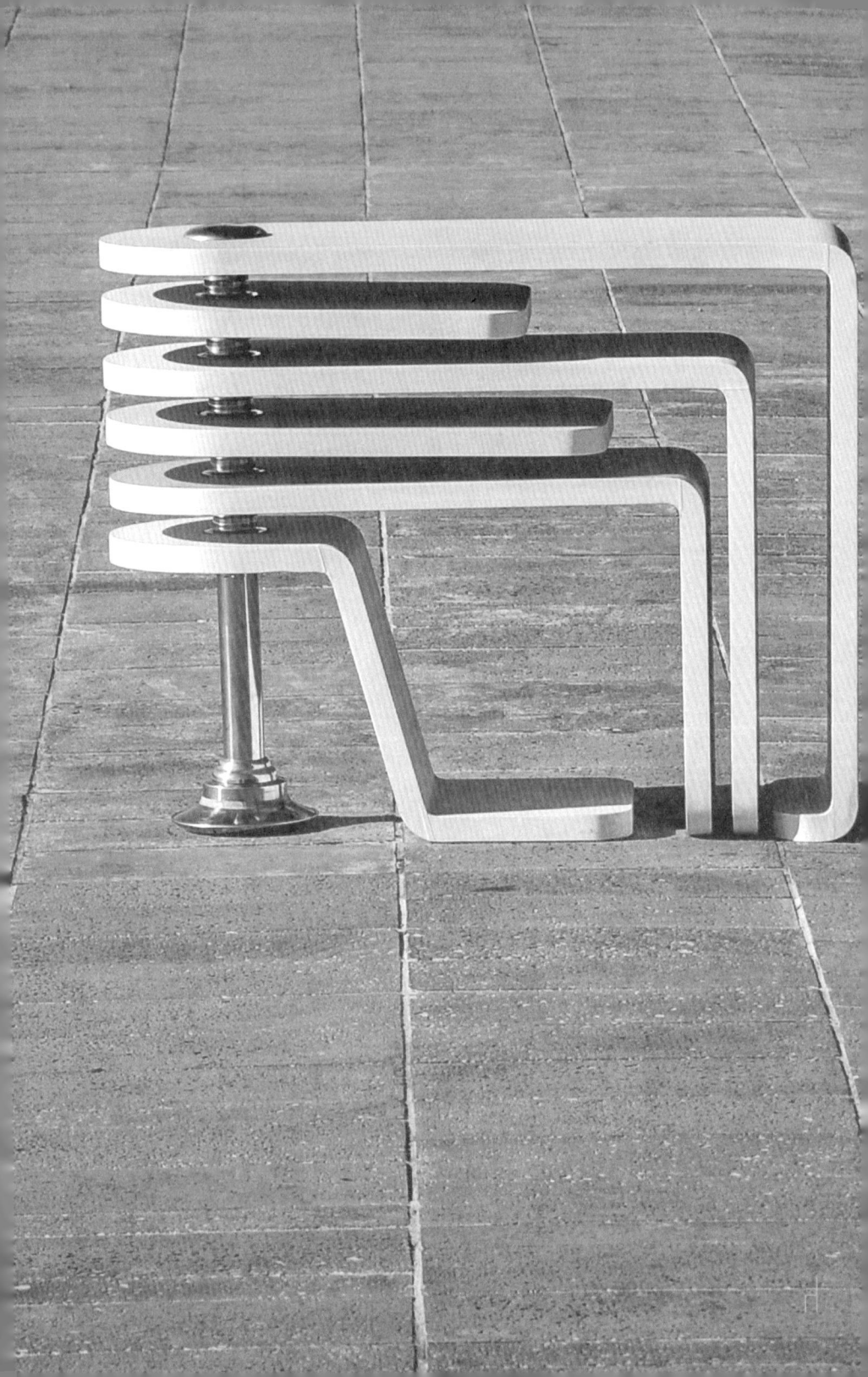

function

최영애 | 작가가구디자인

편안하다. (두번 째 나의 의자)
45×50×77cm _ 월넛 (호두나무) _ 2014

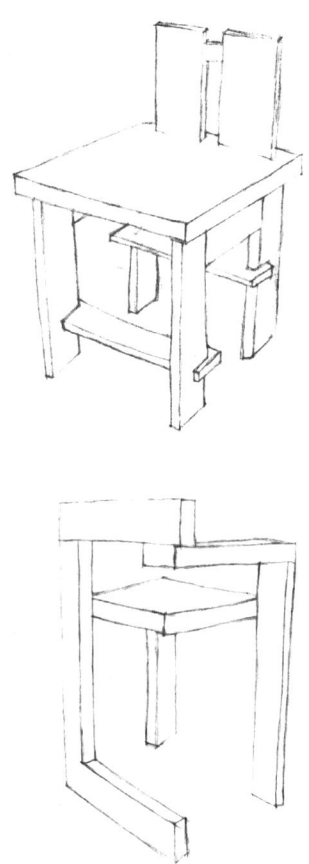

독특하다(책상 앞 나의 의자)
51×42×73cm _ 월넛 (호두나무) _ 2014

function

최지혜 | 신세기 건축

친환경 의자
50×120×160cm _ 자작나무합판 30T/바니쉬마감 _ 2014

다양한 개성의 사람들이 살아가고 있는 현대의 복잡 다양한 시대적 요구들로 "가변성, 단순성, 다양한 활용 기능성"을 반영하며, 아울러 디자인 컨셉부터 변환 및 공급까지 "에너지 절약(친환경)을 실현하는 의자"를 제안하고자 한다.

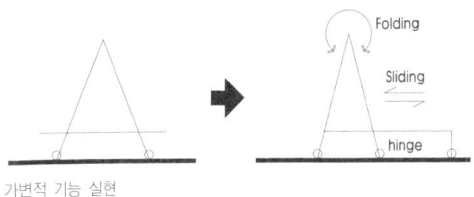

가변적 기능 실현

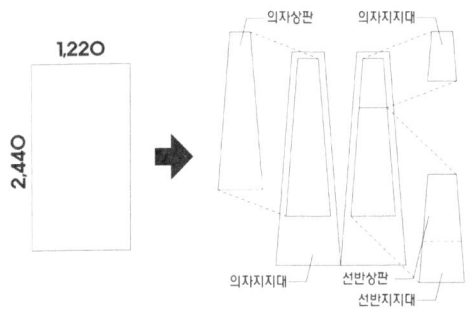

에너지 절약(친환경) 실현

- 가변적 기능을 실현하고자, 2점지지는 바닥에 고정으로 가변성 한계. 따라서 바닥에 3점지지로 슬라이딩/접이식이 가능하도록 했다.
- 다양성을 실현하고자, 선반으로도 활용. 선반지지볼트로 목적에 따라 높낮이를 조절하여 사용하도록 했다.
- 에너지 절약(친환경)을 실현하고자, 그 궁극의 목표는 열기관의 최고 열효율의 기준이 되는 카르노사이클(Carnot cycle)로 1차 에너지 소요량(에너지 사용량에 연료의 채취, 가공, 운송, 변환, 공급과정 등의 손실을 포함한 에너지량)에서 에너지 손실이 최소가 되는 디자인으로 변환하는 것이다. 우선 제작과정이 단순해야하며 최소한의 디자인, 구조, 재료를 적용한다.

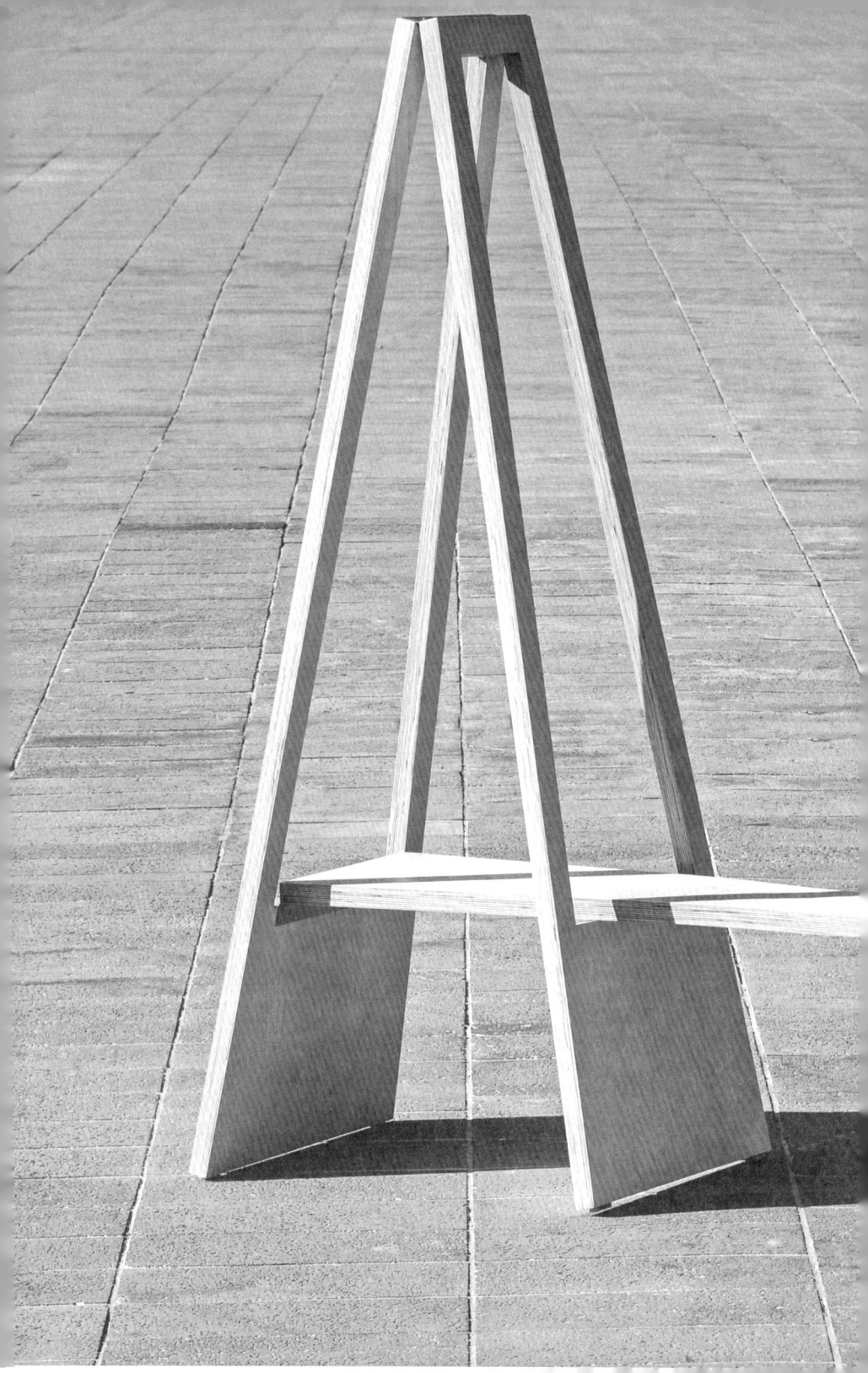

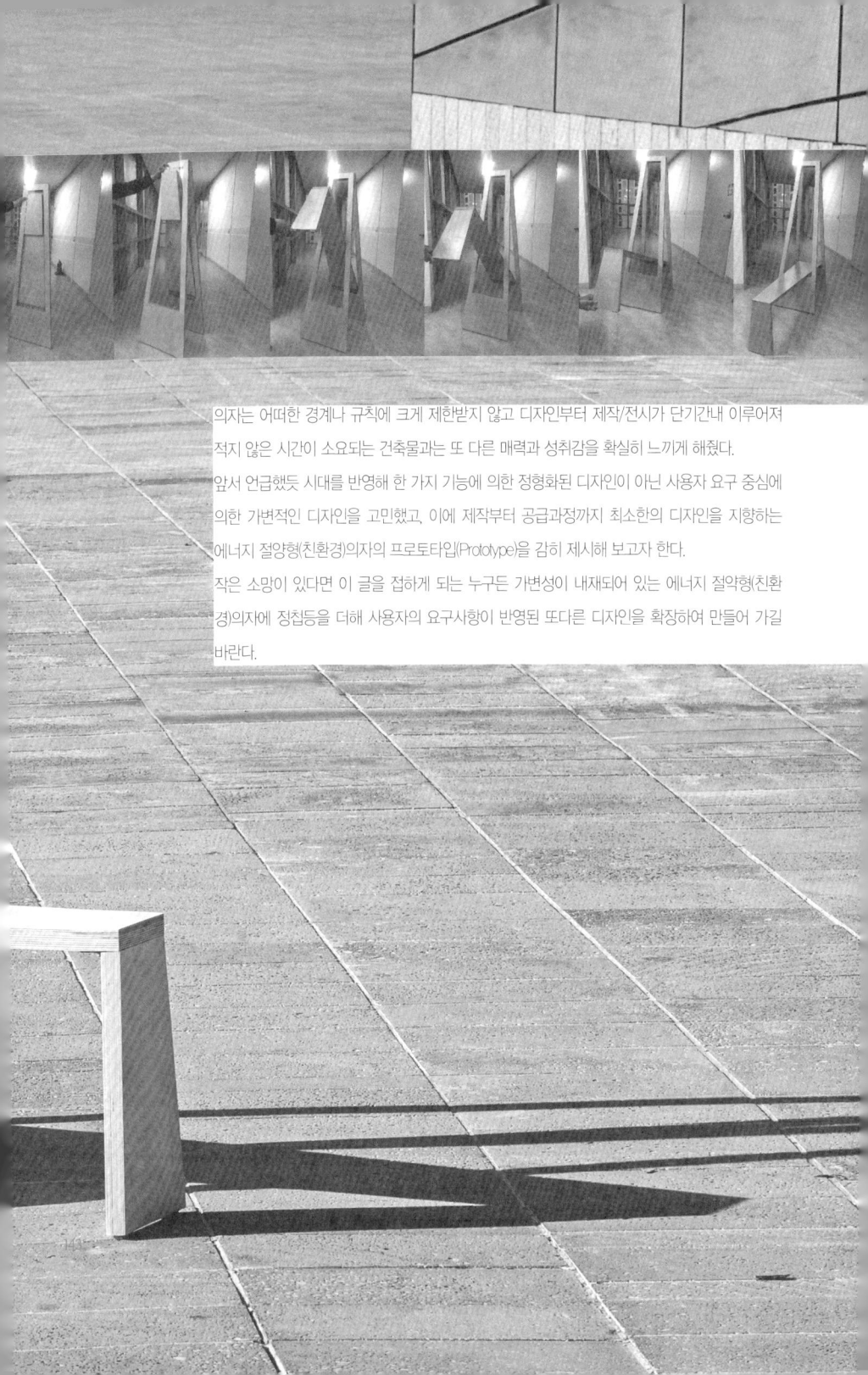

의자는 어떠한 경계나 규칙에 크게 제한받지 않고 디자인부터 제작/전시가 단기간내 이루어져 적지 않은 시간이 소요되는 건축물과는 또 다른 매력과 성취감을 확실히 느끼게 해줬다.

앞서 언급했듯 시대를 반영해 한 가지 기능에 의한 정형화된 디자인이 아닌 사용자 요구 중심에 의한 가변적인 디자인을 고민했고, 이에 제작부터 공급과정까지 최소한의 디자인을 지향하는 에너지 절양형(친환경)의자의 프로토타입(Prototype)을 감히 제시해 보고자 한다.

작은 소망이 있다면 이 글을 접하게 되는 누구든 가변성이 내재되어 있는 에너지 절약형(친환경)의자에 장침등을 더해 사용자의 요구사항이 반영된 또다른 디자인을 확장하여 만들어 가길 바란다.

f u

김성률

김성수

안재철

이호수

하경옥

한영숙

n

樂

효율에서 항상 즐거움은 배제되었다.
그래서 이리 재미없나 보다.
의자라도 거꾸로 타고 앉아, '이래='이라='=, 해야겠다.
그때는 다른 시각을 가진 놈이 모든 것을 가진 부자였다.
엄마가 뒤통수라도 때려주면 그것도 즐겁고...

가까운 자유
240×85cm _ 물푸레나무(에쉬목)와 해먹 _ 2014

fun

김성률 | 리을도랑 대표

현대인들에게 의자에 앉아 있는 상황은 대체로 업무를 보는 노동의 관점과 휴식을 취하는 회복의 관점으로 나눌 수 있다. 노동과 휴식이라는 상반된 행위가 의자에서 동시에 일어난다는 것은 행위에 따라 의자의 역할이 달라진다는 것을 의미한다. 그래서 사용자로 하여금 행위 인식을 이끌어내어 의자에 앉아있는 상황을 디자인하고자 하였다.

의자 디자인 제목의 가까운 자유라는 것은 의자를 통한 편안한 자유가 늘 함께 할 수 있다는 것을 의미한다. 본 의자 디자인은 야외에서 침상으로 쓰는 해먹(hammock)을 의자와 결합하여 야외에서 느낄 수 있는 자유로움을 실내에서 가질 수 있도록 한 것이다.

이렇게 가까운 자유라는 의자는 휴식의 개념을 넘어서 자유로움이라는 인식을 이끌어 낼 수 있는 가능성을 갖고 있으며 접이식의 편리성으로 늘 가까이에 두고 사용할 수 있다.

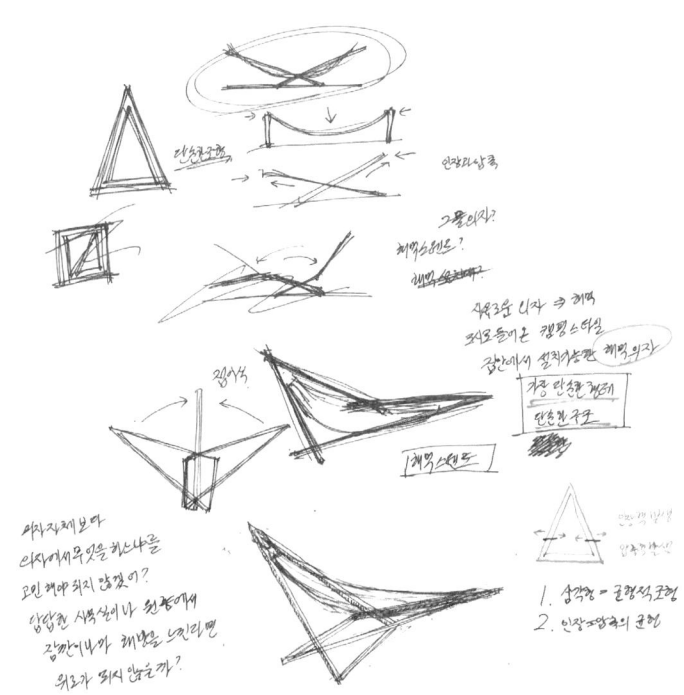

천계의 아우라
150x150x40cm _ 철재강관 위 불소도장, 3mm 철판위 불소도장, 지름65mm 스프링 위 불소도장 _ 2014

fun

김성수 | and 건축 대표

Fun(재미) + tion(상태,동작의 결과어미) = Function (재미의결과)

의자의 용도?
앉는데 쓰는 물건!

언제 앉지?
일할 때
밥먹을 때
영화볼 때… TV 볼때는 주로 누워서
누군가 기다릴 때
회의 할 때
…

기억나는 의자?
1. 필립스탁의 엄청 큰 의자!
2. 유명한 건축가들이 디자인 했다는 의자! 내가 건축가가 아니면 기억을 할까?
3. 일본 여행중 어느대학의 라운지에 있던 의자! 예술품이 전시되어 있어야 할 것 같은 자리에 전시(?) 되어있던 그 의자!

Concept?
1. 의자니까 앉았을 때 편하면 좋겠다.
 → 쿠션… 스프링….
2. 의자의 기능을 하지 않을 때도 존재감을 가졌으면 좋겠다.
 → 기존 의자의 형태는 일단 제외…. 단순한 기하학적 형태에 의자의 기능을 담아보자.
3. 게임기능 있었으면 좋겠다.
 → 그네기능 탑재

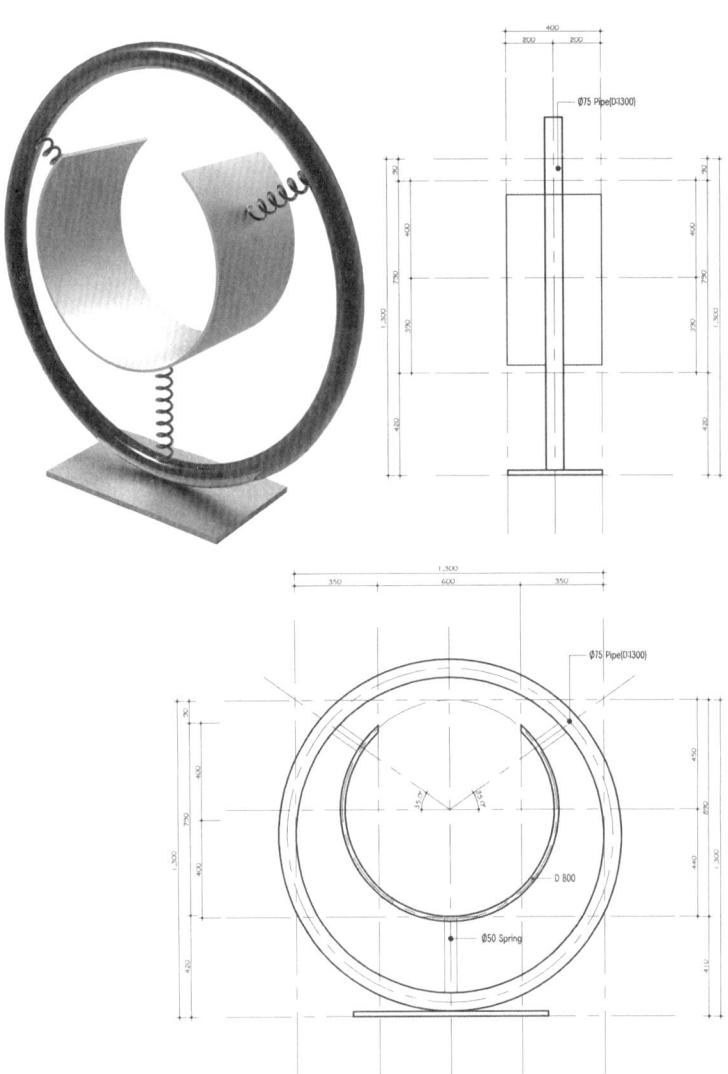

fun

안재철 | 동아대학교 건축학과 조교수

근두운
100×50×70cm _ 비밀의 의자, 그리고 건축가의 잡동사니 _ 2014

과거 떠올리기

산타클로스가 가짜라는 사실보다 인간은 날 수 없다는 사실이 인생 최초의 절망이었다. 남다른 발육으로 아버지의 무릎비행기조차 한번 타보지 못한 불행한 유년시절, 주위에 누가 있는지 둘러보곤 "근두운~"도 크게 불러보았지만 돌아오는 건 엄청난 쪽팔림뿐이었다. 세상으로 나가기 위해서는 강력한 무기가 필요했다.

그러던 어느 날 라디오 안테나의 너무도 아름다운 금속성 광택과 마술 같은 가변성에서 스타워즈의 광선 검을 떠올린 이후, 이 세상의 모든 사물이 비밀처럼 간직하고 있던 마법을 깨닫게 되었다.

그리고 그 의자를 만나게 되었다.

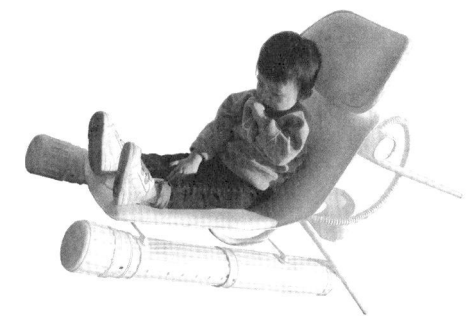

일상 꼭꼭 씹어 먹기

나에게 일상은 보물창고이다.
모든 사물은 형상과 재질 속에 스스로의 이야기를 담고 있고,
건축은 그 이야기를 발견하고 연결하는 일이라는 생각을 가지고 있다.
그리고 본연의 기능을 넘어서는 형태를 만날 때면 도라에몽의 4차원 주머니로 빨려 들어가 버리게 된다.
때로는 기능은 형태를 따른다.
Sometimes Function follows Form.

건축가와 의자

르 꼬르뷔지에가 디자인한 의자에 앉아 스티브잡스가 아이패드를 공개하고, 알바알토의 의자가 그의 건축보다 더(?) 유명한 것은 건축을 스쳐간 사람도 알고 있는 무용담이다. 그래서 잉크도 안 마른 'Architect'라는 부담스러운 이름을 달고 건축계에 첫 발을 내딛는 젊은 건축가의 이번 놀이에 담배 피우는 중딩 귀싸대기라도 올려붙이고 싶은 거부감이 드는 분도 있을 것이다. 하지만 젊은 건축가에게 있어서 이번 의자 만들기는 '시작'이라는 마음이다.

전시에 참여한 건축가들의 학창 시절은 1990년대 고속 발전의 한국 자본주의 사회에서 괴물처럼 부풀어 오르는 스케일과의 싸움이었다. 처음 주택설계를 배우며 고민했던 붉은색 라인의 1:100 스케일은 1:200, 1:500, 1:1000으로 거대해졌고, 사람과 일상은 개미 같은 작은 점이 되었다. 그래서 의자 전시회의 과정은 고개를 숙여, 허리를 굽혀, 바닥에 손을 대고 그 개미를 1:1 스케일로 바라보는 일이었으며, 주택설계를 배우면서 가족 구성원 한명 한명의 라이프스타일을 떠올렸던 퇴화된 고민 근육 한 조각을 단련하는 일이었다.

그 아저씨는 동네 주민이 아니었다.
뭔가하는게 매일 밤을 지샌다고
어른들은 수군거렸다.

그러던 어느날
유전자변색으로 거대 괴물이 된
종묘어께 이수아가 나타난 이후
동네는 쑥대밭이 되었다.

그때였다!!
아저씨를 보았다.
혼자 괴물을 노래했던 아저씨는
나와 눈이 마주치자
씨익 웃으며 나를 잡아끌었다.

그리고 비밀의 문이 열렸다.

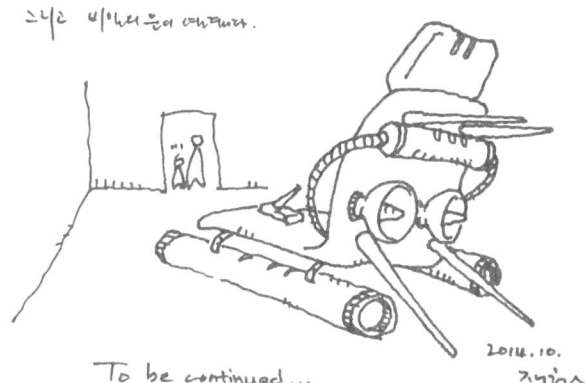

To be continued...

2014. 10.

fun

이호수 | 정림건축 소장

A FOLDING CHAIR 1
40x70x85cm _ 철판 _ 2014

A FOLDING CHAIR 2
40x120x75cm _ 철판 _ 2014

건축은 공간을 만들어온 역사이고 그 공간의 구축하는 방식은 늘 건축의 쟁점이였다. 최근 급속도로 발달한 기술은 건축의 구축 방법이나 디자인 전개과정에서 여러 가지 실험을 유인하고 촉진하고 있다. 이러한 새로운 탐구의 방안으로 제안한 「A Folding Chair」는 용접이나 볼팅 등, 별다른 결합형식이 없이 그저 접기만 하여서 (Folding) 조형을 만들어 낸 것으로, 「종이접기」(Origami) 방식과 유사하다. 그 개념은 평평한 철판 위에 디자인된 한 장의 전개도를 따라 접어가며, 새로운 사이공간과 접힌 선을 기준으로 구조적 단면력을 가지는 형상이 생성되고, 그러한 유기적 형태들이 하중을 지탱하는 의자로써의 기능을 하게 된다.

A FOLDING CHAIR

A FOLDING CHAIR

1,200
Broken Line
110°
110°

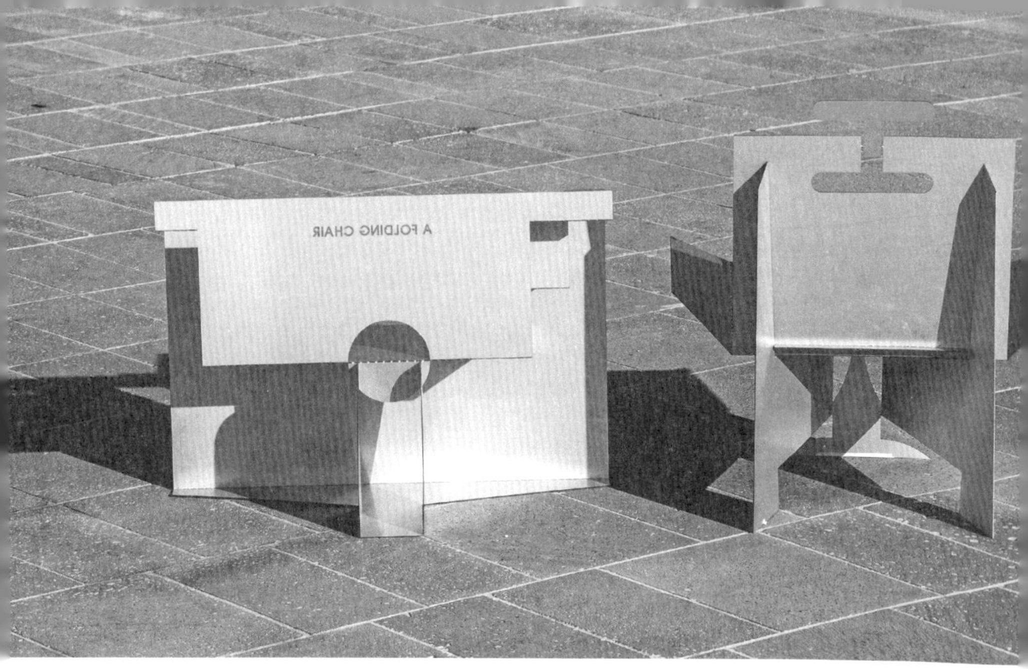

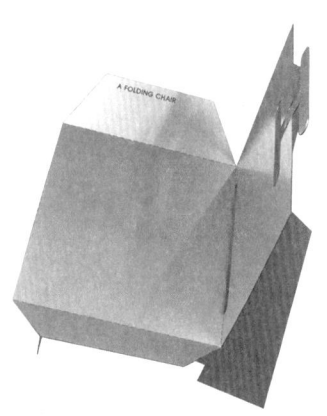

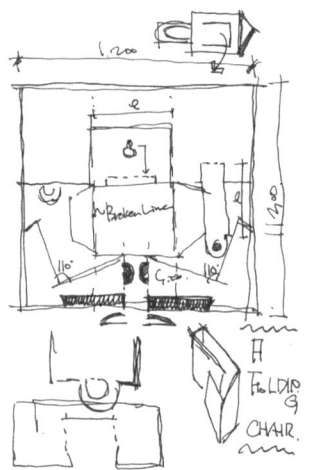

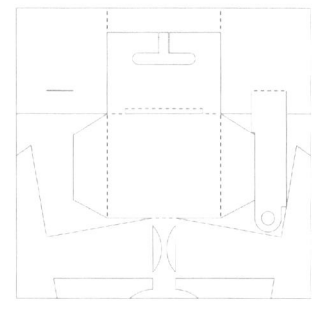

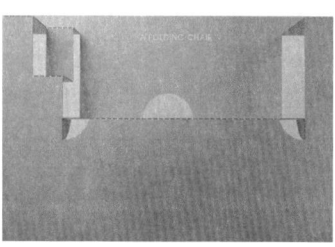

평평한 면에 점선으로 새겨진 선(stitch)과 직선으로 표현된 재단선이 교차되고 이어지면서 삼각형이나 사각형들을 만들어내고, 점진적으로 폴딩 작업은 내부와 외부의 경계를 모호하게 하면서 유기적으로 공간을 이어간다. 특히 일반화된 건축작업에 있어서 평면과 입면을 연결하는 기준이 되는 축과 전개도의 관계는, 그 속에서 나타나는 공간을 이해하는 매우 유용한 프로세스이다. 전개도와 접은 후 발생하는 공간, 이 일련의 작업을 반복하면서 면(skin)은 단순히 공간을 분할하는 건축적 장치가 아니라 공간을 머금고, 구조적으로도 아름다움을 생산해낼 수 있는 건축적 사고의 가능성으로 확장하게 된다. 이러한 구축방법을 의자에 접목시켜 표현하려고 시도했다. 이렇게 생산된 결과물은 전개도에 따라 누구라도 제작이 가능하며, 또 타인에 의해 새로운 상황에 적응하면서 끊임없이 재생산되고 변화·응용될 수 있다. 아마도 이러한 작업방법은 디자인을 전공하는 학생뿐만 아니라 일반인에게도 공간을 이해하는 유용한 도구가 될 것이다.

fun

하경옥 | 상지건축

피식(FISIC)
80×40×54cm _ 나무, 캔버스 _ 2014

초등학생 아들 녀석이 쓸 의자다.
괜히 흐뭇해서 피식 웃음이 나오는 의자. 피식(FISIC)이다.

건축물의 공간은 외부공간과 단절을 시키기도 하지만 외부공간을 내부공간 속으로 끌어들이기도 한다. 또한 비워지고 열린 공간을 두기도 하지만 허락된 공간에서 최대한의 기능을 끌어낼 수 있도록 계획한다. 사용하는 사람이 누구인가에 따라 다른 집이 만들어진다. 만들어진 집은 시간이 지날수록, 집과 주인이 함께한 날수가 늘어날수록 그 느낌이 달라진다. 어느새 사용자가 공간 구성의 일부가 되기도 한다. 의자 만들기에서도 치환과 효용, 그리고 사용하는 이의 개성을 드러내고자 했다.

짙은 검은색 다리와 검은 가죽으로 만들어진 낡은 피아노의자를 리폼하려 생각하다가 그렇지 않아도 좁은 아이방에 놓일 수 있는 피아노의자는 꼭 그것일 필요가 없겠다는 생각이 들었다.
방바닥과 탁자위에 뒹굴고 있는 작은 장난감들과 점점 늘어나는 피아노책을 함께 수납할 수 있는 수납함이 함께이면 좋겠다 생각했다. 나무상자(Settle)와 수납과 의자로 유연하게(Flexible) 쓰는데 불편하지 않도록 이동이 가능한 바퀴, 의자를 사용할 아이의 편안함을 위한 쿠션(Comfortable)에 재미(Interest)를 더하기 위해 산뜻한 커버를 계획했다. 쿠션커버는 아이가 그린 그림(Identity)을 모아 캔버스에 인쇄했다.

Flexible, Identity, Settle, Interest, Comfortable이 조합된 피식(FISIC)

fun

한영숙 | 싸이트플래닝건축 대표

존재하는 의자
160×80×40cm _ Black steel plate 1.6T, Design film _ 2014

의자. 사람을 담는 그릇이다.
결국, 사람이 주인공이다.
의자가 갖추어야 하는 편의성. 안전성. 심미성보다
우선 의자에 앉게 되는 사람의 입장이 되어본다.

그런 측면에서 의자는
나 혹은 누군가와의 존재를 마주하는 시간을 갖게하는 매개물이다.
눈에 보이지 않는 공간의 무게중심을 만들어내고,
공간과 사람간의 관계가 만들어 진다.
그 관계가 깊어질 때... 장소가 된다.

앉아있는 사람이 공간... 그리고 장소를 만들어 낼 수 있는
최소한의 크기를 고려하여 시공간의 프레임을 시각화해 보았다.

의자는 투과하는 바람과 햇살. 음악과 조명에 따라
달라지는 공간감에서 새로운 존재가 생성되기를 기대해본다.

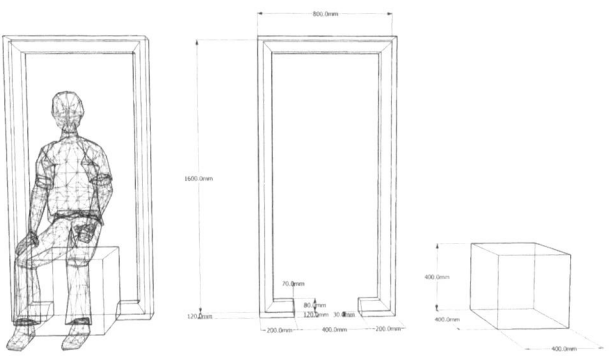
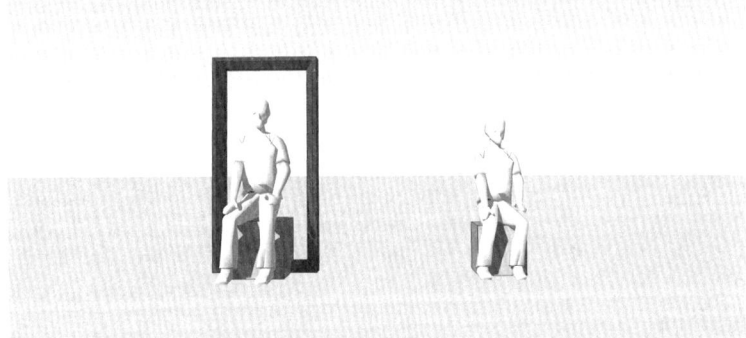

김대홍
방정아
안재국

"지금 무슨 생각을 하고 계신가요?"
그래도 내 생각 궁금한 건 너뿐이냐?
나는 말이지…
말한들 뭐 알아듣겠냐?
그냥 "좋아요" 한번 눌러줘.

art

김대홍 | 작가(회화/설치/영상)

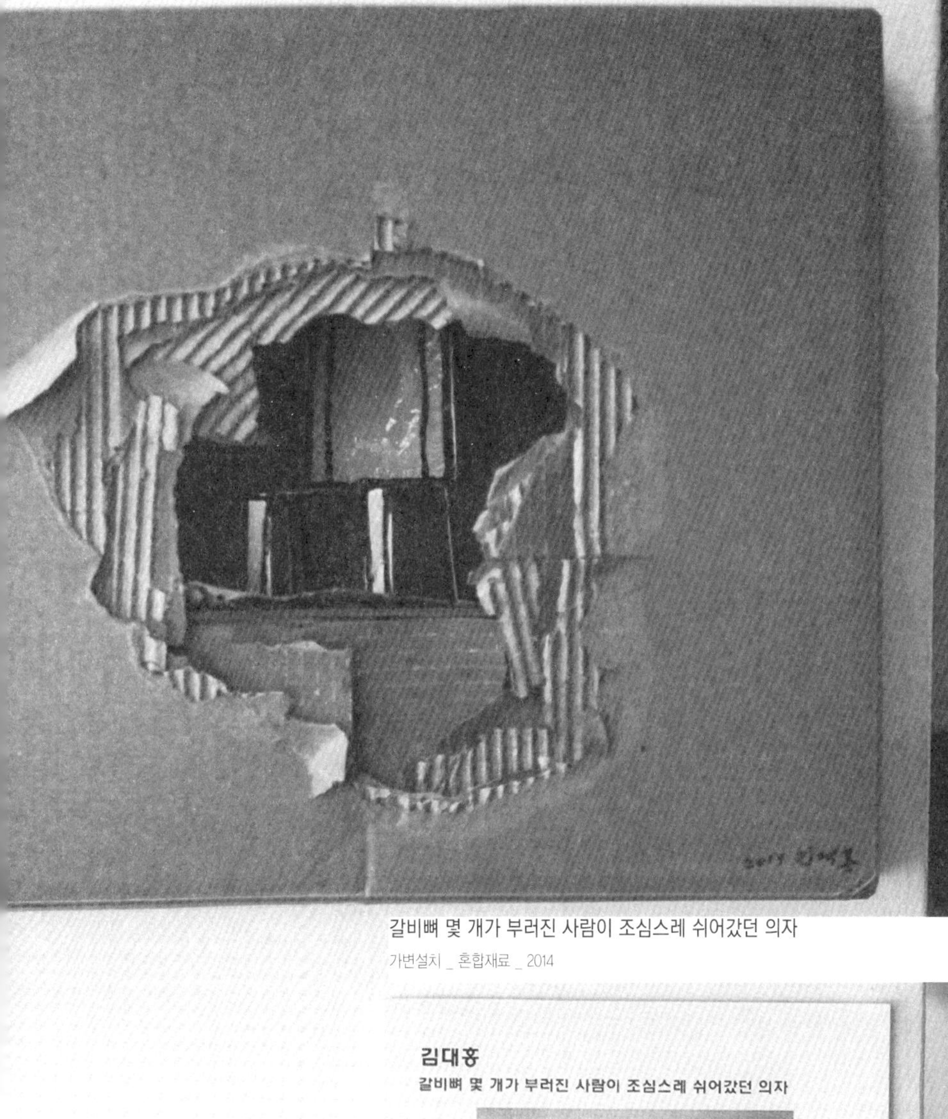

갈비뼈 몇 개가 부러진 사람이 조심스레 쉬어갔던 의자
가변설치 _ 혼합재료 _ 2014

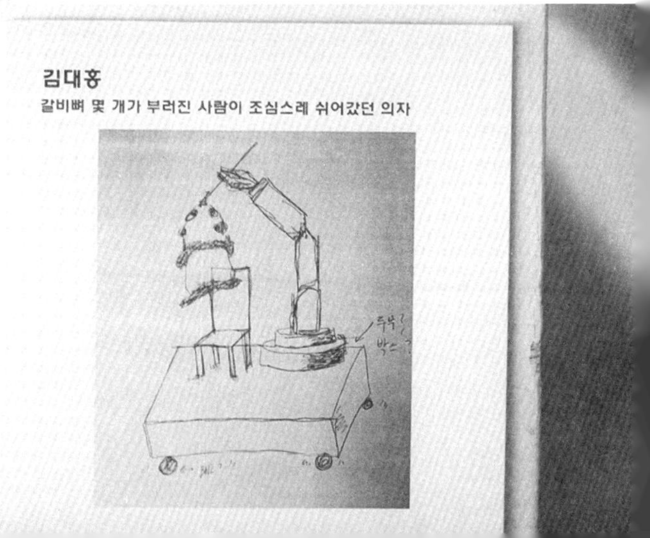

김대홍
갈비뼈 몇 개가 부러진 사람이 조심스레 쉬어갔던 의자

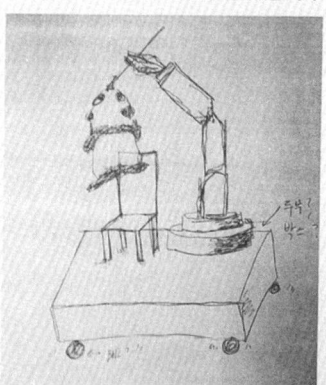

내가 가지고 싶은 의자는 가볍고 접을 수 있으며, 딱딱하지 않게 내 몸을 감싸 줄 수 있는 그런 의자이다. 그래서 내 조그만 자동차에 넣어 두고 문득 지나던 길이 무심히 내게 눈길을 줄 때, 그 그늘 밑에서 잠시 차를 세워 트렁크에서 나온 그 녀석에게 내 온몸을 온전히 맡겨 담배 한 대 피울 수 있는, 그런 보이지 않는 동무 같은 의자 말이다.

이러한 목적에는 요즘 흔히 볼 수 있는 등산용 의자가 최적이다. 게다가 이리저리 움직이는 나로서는 무언가를 만들고 그것을 책임져야 한다는 게 참으로 부담스럽다. 그런 나와 달리 전시에 같이 참여하는 건축가들은 너무 열정적이었다. 커다랗고 복잡한 건축물을 짓는 사람들이 의자 하나에 이렇게 마음 졸여 전시를 준비하고 있는 모습이 너무 재미있기도 하거니와 그 열정, 순수함이 만들어내는 향기가 꽤 진하게 머릿속에 맴돌았다. 마치 봄비가 내리기 전 그 냄새가 말해주는 많은 이야기처럼.

난 아직 내 손으로 만든 의자가 필요하지는 않지만, 잠시 편히 앉고 싶은 의자가 하나 있었으면 좋겠다. 나도 언젠가는 그들처럼 설레는 마음 반 졸이는 마음 반으로 의자를 만들 날이 있기를 희망한다. 몇 주전 부러져 지금껏 삐걱 거리는 갈비뼈를 조심스레 잠시 감싸 준 그 조그만 녀석의 존재를 잊지 않기를 바라며 말이다.

괜찮아, 이리와 ㅎㅎ
60×45×136cm _ 스웨이드 천. 솜. 플라스틱 의자 _ 2014

art

방정아 | 작가(회화)

제작과정

작품의 내용을 변경해야겠다고 결심하면서부터 제작할 수 있는 시간이 얼마 없었다.
의자는 사람을 닮아있었다. 가만히 뚫어지게 보면 정말 앉아있는 사람 같았다.
자연스럽게 사람의 형상을 닮은 밑그림을 바탕으로 제작에 들어갔다.
짙은 노랑의 스웨이드 천과 이불솜을 접착제와 바느질로 형태를 잡아 갔다.
폭신하여서 따뜻한 느낌을 배반하고 싶었다. 부릅뜬 눈과 미소 지은 입가에서 흐르는 기묘한 액체로 낯선 표정의 외계인을 만들었다.

그녀의 푹신하고 산뜻한 품에 속았어.
잘 보라구.
씨익 웃는 그녀의 입술 끝을.
그리고 통통한 손 끝에 흐르는 끈적한 액체를.
뭘 잡아먹기라도 한거야?

art

안재국 | 작가(설치)

가벼운 휴식
51×51×88cm _ 한지 _ 2014

의자는 만남,즐거움,대화,식사,공부,시험,잠,기다림,휴식등 여러 단어들과 어울리고있다.
그리고 여러 가지 기능과 디자인으로 아주다양한모습도 가지고 있다.
여기에 가벼운 휴식의 작업은 이합한지를 이용 의자형태로 만들어
궁둥이를 대고 걸터앉을 수 있게 만든 기구가 아닌
호기심이나 왜?라는 일상에서 조금은 벗어난 생각이 잠시 머물러 있다가는
의자가 되었으면 한다

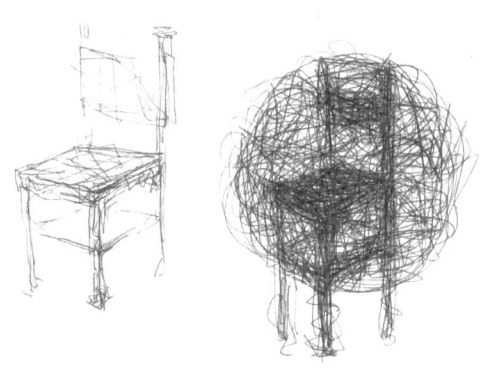

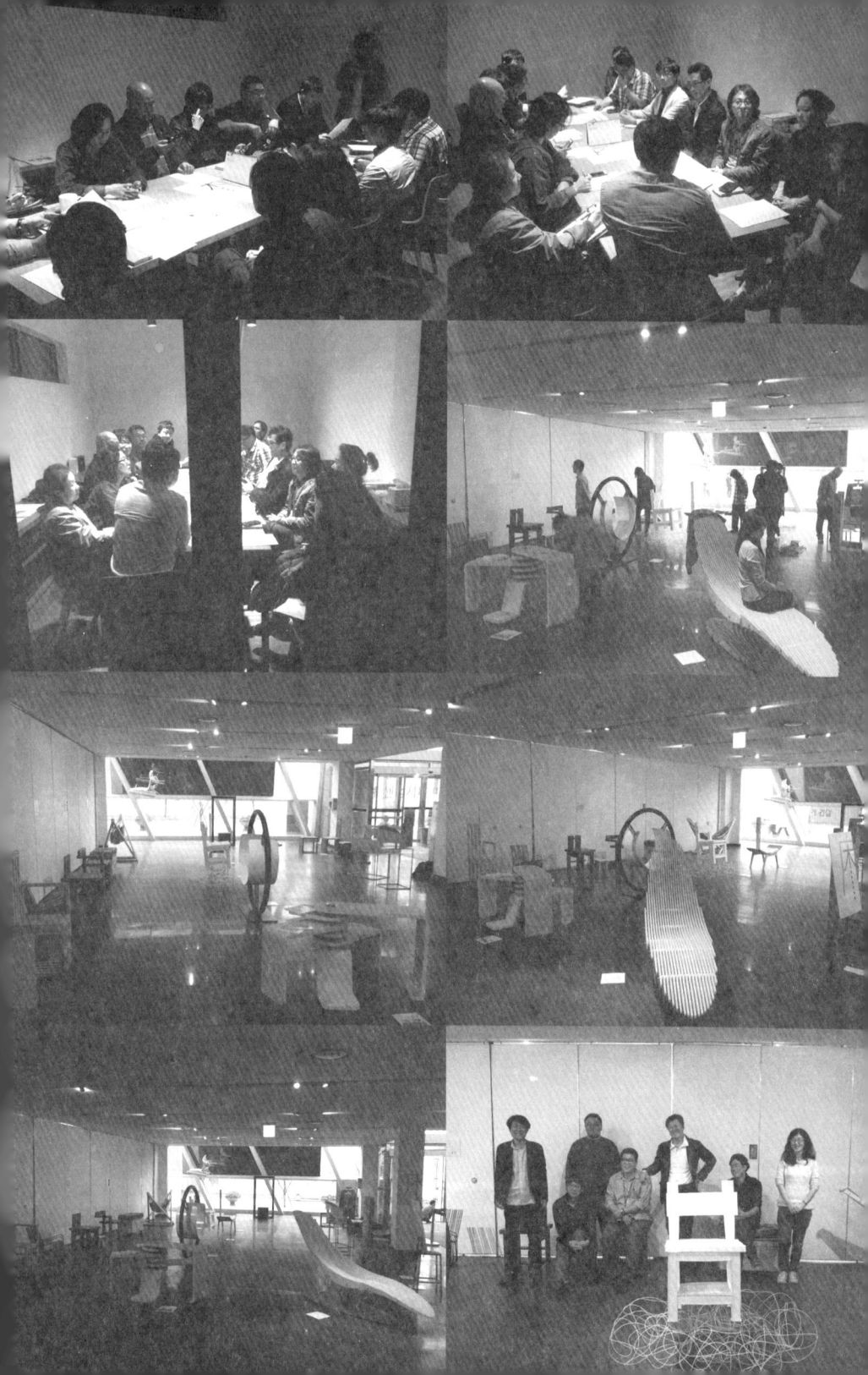